NRI

カーボンニュートラルからネイチャーポジティブへ

サステナビリティ経営の新機軸

株式会社野村総合研究所【編】

中央経済社

はじめに
カーボンニュートラルからネイチャーポジティブへ
〜サステナビリティ経営の新機軸〜

■なぜ今，サステナビリティが問われるのか？

昨今，サステナビリティ（Sustainability：持続可能性）への注目度がますます高まりつつあります。その背景の１つとして，2030年以降，世界の総人口が増加を続ける中で，生産年齢人口割合（全人口に占める15歳以上65歳未満の人口比率）が減少に転じると予測されていることが挙げられます。人口ボーナス期から人口オーナス期への世界的な「大逆転」によって，世界全体での経済成長の抑制が懸念されているのです。需要（全人口）の増加に対して，供給（生産年齢人口）が追い付かない状況になることから，人口ボーナスを前提として構築してきた社会経済システムの持続可能性が問われるようになるのです。

現に，世界に先駆けて2010年頃から生産年齢人口割合が低下しはじめた欧州は，サステナビリティに対する意識も高く，本書のテーマである「ネイチャーポジティブ」でも，いわば震源地になっています。一方，日本のデフレと低金利を支えてきたとの見方もあるアジアの生産年齢人口も，2030年以降はピークアウトすると予測されており，サステナビリティの重要性は日本においてもますます増大すると考えられます。

■カーボンニュートラル対応の振り返り

サステナビリティに関連するさまざまなテーマが論じられる中，「カーボンニュートラル」はその先駆けとなりました。2015年のパリ協定採択や2018年の気候変動に関する政府間パネル（IPCC：Intergovernmental Panel on Climate Change）による「1.5℃特別報告書」発表などによって，国際社会における注目度が高まっていきました。わが国では，2020年に菅義偉首相（当時）がカーボンニュートラル宣言を行ったことを契機に，日本企業も避けては通れない経営課題として，カーボンニュートラルに取り組むようになりました。

欧州を中心とした海外諸国や企業が，ルール形成やビジネスモデル変革に先行して取り組んでいるため，日本企業にとっては難しい対応を迫られる状況が続いていますが，徐々に取り組みが本格化し始めています。

■ネイチャーポジティブを取り巻く動向と課題

こうした中で，新たなサステナビリティテーマが台頭してきました。2030年までに生物多様性の損失を止め，回復軌道に乗せることを目指す「ネイチャーポジティブ」です。2022年12月に開催された生物多様性条約第15回締約国会議（CBD-COP15）で採択された「昆明・モントリオール生物多様性枠組（GBF）」では，2030年までの定量的な目標設定が行われたほか，ビジネスにおける生物多様性の主流化についても合意形成されました。このGBFを契機として，投資家は企業のネイチャーポジティブ対応を評価し，投資判断に組み入れる動きを見せ始めています。

こうした動きを踏まえ，ネイチャーポジティブはカーボンニュートラルと並ぶ二大経営課題となりつつあります。しかしながら，企業にとってネイチャーポジティブ対応は容易ではありません。その要因の１つ目として，概念の抽象度の高さが挙げられます。生物多様性，自然資本，生態系サービスなど，こうした概念理解や共通認識形成が必要となります。そのうえで，企業は自身のビジネスが自然とどのような接点を持っているかについて，明確にすることが求められています。

対応難易度が高い２つ目の要因としては，ネイチャーポジティブにはGHG（Green House Gas：温室効果ガス）を含むさまざまな指標が存在し，それらの指標の関連性が複雑であることが挙げられます。これは，GHG排出量が唯一の指標となっているカーボンニュートラルとは対照的です。また，気体のために流動性が高く，地域を超えてネッティング可能なGHGとは異なり，ネイチャーポジティブでは地域性が考慮されるため，指標と地域性の両視点から一元的な目標設定が難しく，各企業が自ら目標設定する必要があります。

さらに，３つ目の要因としては，カーボンニュートラルやサーキュラーエコノミーなどのほかのサステナビリティ関連テーマとの間に，シナジーとトレードオフの関係性が存在することが挙げられます。複数のサステナビリティテーマに対する一元的な理解と取り組みが求められます。

■差別化戦略の新機軸としてのネイチャーポジティブ対応

一部の日本企業は，既にネイチャーポジティブ対応の取り組みを始めていますが，海外企業の取り組み事例からは，さまざまな示唆が得られます。特に，「ありたい姿」を経営トップ自らが設定することが重要であると筆者らは考えています。ネイチャーポジティブに限らず，サステナビリティ関連テーマ全般についていえることではありますが，自社内にクローズした形で取り組みを進めることは難しいため，サプライヤーやエンドユーザー，特には同業他社や投資家をも巻き込んでいくことが必要になります。多様なステークホルダーから共感の得られる「Moon Shot（前人未踏で非常に困難だが，達成できれば大きなインパクトをもたらし，イノベーションを生む壮大な計画や挑戦）」を提示し，その実現に向けた手段や仕組みを他社に先駆けてビジネス化していくことが有効でしょう。

そのためには，サプライチェーン全体の継続的な改革や，顧客体験価値の向上による市場創造，投資家とのエンゲージメントの高度化に積極的に取り組む必要があります。ネイチャーポジティブ対応は，単なる「生き残りのための守りの戦略」ではなく，「勝ち抜くための差別化戦略の新機軸」として捉えるべきではないでしょうか。

また，日本の国際競争力の強化といった観点で，官が果たすべき役割も存在します。生物多様性に恵まれた日本は，豊かな自然資本を有しています。日本の優位性を活かした取り組みを早期に進めることが求められます。

■本書の構成

本書は，サステナビリティ経営におけるネイチャーポジティブや生物多様性・自然資本について検討されている，もしくは検討されようとしているビジネスパーソンの皆様に対して，2023年末時点での全体動向を把握していただくことを目的に執筆しました。基本的な構成は以下のとおりです。

「第１章　自然資本に関する諸概念」では，自然資本・ネイチャーポジティブと企業活動の関係性や国際動向など，ネイチャーポジティブに関する概念整理を試みています。次に，「第２章　ネイチャーポジティブと他のサステナビリティテーマの関連」では，カーボンニュートラル・サーキュラーエコノミー・人権といった他のサステナビリティテーマとの関連や違いについてまとめています。そして，「第３章　各国・地域の政策等の動向」では，本テーマの震源地ともなっている欧州をはじめ，米国や豪州における政策面での動向を整理しました。

さらに，「第４章　金融セクターの動向」では，ESG投資の現状や情報開示のフレームワークと規則について整理した後に，国内外金融セクターにおける企業の取り組み状況を紹介しています。続いて，「第５章　事業会社の動向」では，さまざまなセクターにおける国内外企業の先進的な取り組み事例をまとめました。

以上を踏まえ，「第６章　事業会社に求められる取り組み」では，企業価値向上に向け，具体的に企業がどのようにネイチャーポジティブに取り組むべきかを解説しています。

書籍としては，以上の流れで執筆していますが，基本的には見開き１ページで１トピックが完結するようにしましたので，読者の皆様の興味に応じて，拾い読みしていただくこともできます。

サステナビリティ関連テーマが企業の経営課題として，ますます重要性が高まる中，経済的価値と社会的価値を両立させながら，価値創造に日夜取り組まれている読者の皆様にとって，本書がその一助となれば幸いです。

2024年５月

株式会社 野村総合研究所

目　次

第3章 各国・地域の政策等の動向

第4章 金融セクターの動向

第6章　事業会社に求められる取り組み

第1章

自然資本に関する諸概念

新たな経営課題として「ネイチャーポジティブ」が台頭してきました。自然資本や生物多様性への配慮，これらに関連したリスクおよび機会の整理などの対応が求められています。

本質的な対応を検討するうえでは，自然資本あるいは生物多様性に関する概念，さらに企業活動との関連性を理解することが重要です。また，これまでの国際動向などの経緯を把握することも理解を深める一助となります。

本章では，自然資本関連の概念を整理するとともに，さまざまな動向についても解説します。

1　自然資本と企業活動

あらゆる企業活動は自然資本に依存し，また影響を与えている

■自然資本とは

本書のはじめとして，自然資本とは何か，それがどのように企業活動と関係しているかを理解しておくことか，という点について簡単に整理します。

自然資本とは，その名のとおり「森林，土壌，水，大気，生物資源など，自然によって形成される資本」（環境省「平成26年版生物多様性白書」）であり，さまざまなサービスを社会に提供しています。具体的には，①食糧や水，木材やその他資源を供給する供給サービス，②大気や気候，水量の調整や土壌浸食の抑制などの調整サービス，③景観の保全や文化・芸術，科学・教育に関する価値を提供する文化的サービスなどが存在します。④鉱物や金属，石油と天然ガス，地熱，風，潮流，季節なども，自然によるサービスといえます。また，①～③は生態系サービス，④は非生物的サービスといいます（Capital Coalition, 2016）。

また，生物多様性という概念もあります。これは生物同士の個性とつながりのことで，生物，種，遺伝子の３つのレベルがあるとされています（環境省）。上記の生態系サービスを下支えするもので，それ自体も自然資本の一部とされています（Capital Coalition 2016）。

■企業活動と自然資本

企業はこうして生物多様性を含む自然資本から生じるフローとしてのサービスを利用して，事業を行っています。IIRC（International Integrated Reporting Council：国際統合報告評議会）の国際統合報告フレームワークでは，６つの資本の１つとして自然資本を位置づけており，自然資本は，企業活動にとって極めて重要な役割を担っているものといえます。

このように，企業活動を含む人間社会は自然資本が提供するサービスを利用していますが，言い換えれば，それらのサービスに「依存」しているということになります。世界のGDP（当時）の半分超である44兆ドルが何らかの形で自然とそのサービスに依存しているという試算もあり（世界経済フォーラム(2020)），自然資本なしに現状の経済活動は維持できないと考えられます。

人間の活動は自然資本に大きく依存していますが，一方でそれらに「影響」も与えています。IPBES（Intergovernmental Science-Policy Platform on Biodiversity and Ecosystem Services：生物多様性および生態系サービスに関する政府間科学―政策プラットフォーム）のレポート（2019）によれば，生物多様性を破壊する最大の要因は人間による土地・海域の利用や変更であり，人間の活動により自然の状態は急速に悪化する傾向にあるとされています。

こうした自然への依存・影響と事業活動の関係は，自然資本金融アライアンス（NCFA）や国連環境計画世界保全モニタリングセンター（UNEP-WCMC）などが開発したENCORE等のツールで整理されていますが，どの産業も何らかの形で自然と関係しています。また，多くの製品はサプライチェーンの最上流で化石燃料や鉱物の採掘，農業，木材の伐採など，自然と直接関係する産業の製品やサービスと関連しています。あらゆる企業活動は自然に対し，多かれ少なかれ，あるいは直接的，間接的などの別はあっても，何かしらの形で自然と関係していると考えられます。

《図表》自然と人間の活動の関係性

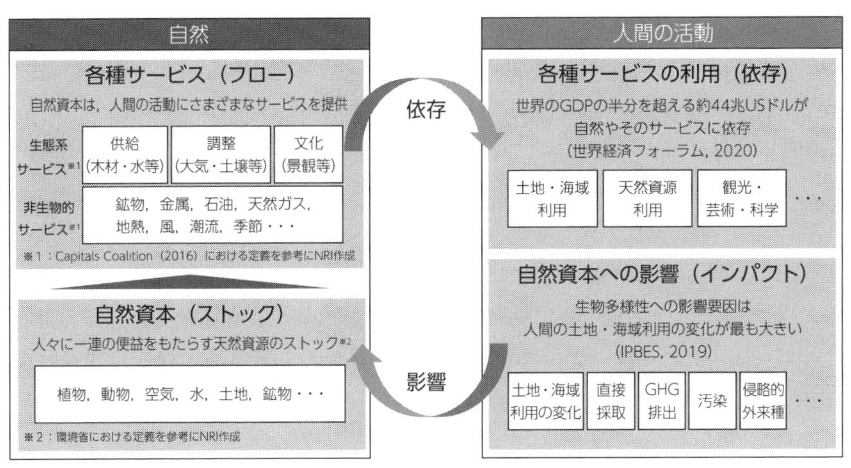

（出所）各種公開情報よりNRI作成

2　ネイチャーポジティブの定義と重要性

自然の損失を止め反転させるネイチャーポジティブへの対応が企業に求められている

■自然の損失とネイチャーポジティブ対応

前項で述べたように，人間の活動により自然は悪化傾向にあります。ダスグプタ・レビュー（2021）ではManagi and Kumar（2018）による分析結果を参照し，「一人当たり自然資本ストックの価値が1992年から2014年で40％近くも減少した」としています。

このまま自然資本の損失が続いた場合，自然資本が生み出すさまざまなサービスが失われ，それに依存している経済活動にも多大な損失が生じると考えられます。このため，自然資本の損失を止めて反転させていくことを目指すネイチャーポジティブが経済・社会にとって重要と考えられます。

こうした中，世界全体で国際目標や政策，各種イニシアチブ等によるネイチャーポジティブに向けた対応が進んでいます。この課題に適切に対処できない企業は，政策や規制，評判等のリスクを負うほか，取引条件や市場の選好に自然資本への対応が考慮されるようになれば，競争力にも影響する可能性があると考えられます。

■企業活動とネイチャーポジティブ対応

上記のような自然資本が企業活動に与えるリスクは大別して３種類あります。１つは，自然資本や生態系サービスが劣化することで生じる「物理リスク」です。２つ目は，政策や技術，規制，消費者の選好などの変化などで生じる「移行リスク」，そして３つ目は生態系・金融などシステム全体の崩壊により生じる「システミックリスク」です。

これらのリスクへの対応としてネイチャーポジティブは企業にとって重要ですが，一方でそれは企業にとって「機会」にもなりうるとされています。自然に対するネガティブな影響を削減することやポジティブな影響を与えることは，自然だけでなく，新たな市場へのアクセスや評判の向上などを通じ，組織にも好影響を与える可能性があります。

こうしたリスク・機会の仮想的な例として廃棄物の排出を考えると，排出は環境に対し負荷を与え，物理リスクの要因になります。同時に，その削減に向けた取り組みが不十分であれば，経済・社会としてネイチャーポジティブへの対応が進む中で評判や取引条件，規制等の面で不利になる可能性もあり，移行リスクの要因にもなります。こうしたリスクに対し，リサイクルなどによって廃棄物の排出を削減することは，環境に対する負荷を低下させると考えられます。また，廃棄物の削減に資する製品やサービスを提供できれば，新たな事業機会になる可能性があります。さらに，こうした活動による評判の向上等の機会にもつながると考えられます。

上記はあくまで仮想的な例ですが，企業は自然資本を守るためにも，また企業としてのリスクを減らし機会を獲得するためにも，ネイチャーポジティブに対応していくことが重要と考えられます。

《図表》リスク・機会のカテゴリ

システミックリスク	
生態系の頑健性リスク (Ecosystem stability risk)	ティッピングポイントを超えるなどして重要な生態系が劣化し，従前のような生態系サービスを提供できなくなるリスク
金融の頑健性リスク (Financial stability risk)	物理・移行リスクが現実化・複合化により，金融システム全体が不安定化する
物理リスク	
急性リスク (Acute)	短期，イベントベースで生じるリスク（花粉媒介サービスの損失による穀物生産へのダメージ等）
慢性リスク (Chronic)	環境的な状況が長期的に変化することで生じるリスク（穀物生産に適した土地でなくなる等）
移行リスク	
政策・規制リスク (Policy)	新たな法規制の導入等により法運用上の文脈が変わることで生じるリスク
市場リスク (Market)	消費者の選好など，市場全体のダイナミクスが変化することで生じるリスク
技術リスク (Technology)	自然に対する影響や依存を低減した/改善した製品やサービスによる代替リスク
評判リスク (Reputation)	実際の/認識された企業の自然への影響による，企業への認識の変化によるリスク
債務リスク (Liability)	法的請求に直接・間接的に関係するリスク（組織の自然に対する活動の準備度に関連する法や規制ができた場合，事故や偶発的な債務が発生しやすくなる可能性がある）

事業パフォーマンスへの機会	
市場 (Markets)	新たな市場やロケーションへのアクセスなど，市場全体のダイナミクスの変化により生じる機会
資本フロー・ファイナンス (Capital flow and financing)	資本市場へのアクセス等により生じる機会
製品・サービス (Products and services)	自然を保護，管理，回復する製品やサービスの提供に関連した価値の提案機会
資源効率 (Resource efficiency)	自社やバリューチェーンにおける自然への依存・影響の回避・削減に向け実施可能な取り組みの機会
評判 (Reputational Capital)	実際の/認識された企業の自然への影響による，企業への認識の変化による機会
サステナビリティパフォーマンスへの機会	
自然資源の持続的な利用 (Sustainable use of natural resources)	リサイクル，リジェネラティブ，再生可能な素材等に自然資源を代替による機会
生態系保護・回復等 (Ecosystem protection, restoration and regeneration)	生息地や生態系の保護，再生，回復を支援する活動を通じた機会

（出所）TNFD v1.0よりNRI作成

3　CBD-COP15以前の国際動向

生物多様性は気候変動と並行して議論されてきたが，主流化していなかった

■自然資本を保護するための目標や政策の策定

前項で述べたとおり，自然資本の保護は経済・社会にとって重要です。このため，これまで国連や各国政府で目標や政策が策定されてきました。特に2022年に合意された新たな国際目標「昆明・モントリオール生物多様性枠組(GBF)」は非常に大きな動きといえます。本項では同枠組の合意に至るまでの国際的な政策動向を，気候変動に関する動向と比較しながら簡単に述べ，次項で枠組みの中身について説明します。

■生物多様性条約以前の生物多様性政策

自然資本や生物多様性に関する議論や条約の制定は，1970年代以降，環境意識の高まりとともに行われてきました。1971年に湿地保存に関する条約である「ラムサール条約」，1973年には絶滅のおそれのある野生動植物の種の国際取引に関する条約「ワシントン条約」が制定されました。1987年には「環境と開発に関する世界委員会」の報告書で「持続可能な開発」の概念が示されました。そして1992年，ワシントン条約などの既存の国際条約を補完し，生物の多様性を包括的に保全するための国際的な枠組みとして，「生物多様性条約（CBD：Convention on Biological Diversity)」が採択されました。

■生物多様性条約以降の環境政策と愛知目標

生物多様性条約の採択後，1994年に第１回締約国会議（CBD-COP１）が開催されました。その後，締約国会議は主に隔年で実施され，さまざまなテーマが議論されています。2010年には第10回締約国会議（CBD-COP10）が名古屋で開催され，2020年までの世界目標である愛知目標が採択されました。

愛知目標では，20の個別目標が定められました。しかし，結果としてある程度の進捗はあったものの「完全に達成できたものはない」（環境省）とされており，2010年代には自然資本に関する動きはあまり本格的なものにならなかった（少なくとも現状の気候変動のように主流化はしていない）といえるでしょ

う。こうした中，2022年にCBD-COP15にて新たな国際目標であるGBFが採択され，現在に至ります。

■気候変動に関する動向

気候変動では，生物多様性条約制定の同年である1992年に「気候変動枠組条約」が採択されており，同じ時期から国際的な議論が進められてきたといえます。2015年のパリ協定では，世界の平均気温を産業革命前の水準から2℃より十分低い水準に抑えることが国際的に合意され，取り組みが加速していきました。

欧州委員会では，GBFを「自然資本におけるパリ協定」とみる動きもあり，生物多様性に関する取り組みが今後主流化していくと考えられるでしょう。

《図表》国際的な枠組（1992年～）

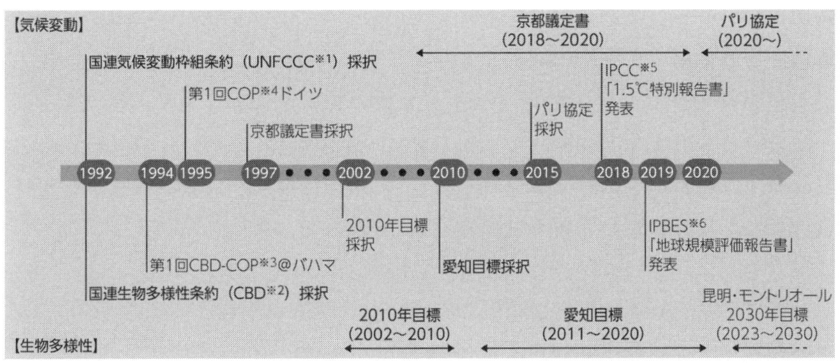

※1 UNFCCC：United Nations Framework Convention on Climate Change　※2 CBD：Convention on Biological Diversity
※3 CBD-COP：Convention on Biological Diversity Conference of the Parties　※4 COP：Conference of the Parties
※5 IPCC：Intergovernmental Panel on Climate Change
※6 IPBES：Intergovernmental Science-Policy Platform on Biodiversity and Ecosystem Services

（出所）各種公開情報よりNRI作成

1　CBD-COP15における国際合意

GBFではネイチャーポジティブ達成に向けた目標が設定され，実現に向けた数値目標や進捗評価の仕組みが作られた

■昆明・モントリオール生物多様性枠組（GBF）

前項で述べたGBFの概要・特徴について，本項では解説します。GBFは，４つの目標と23のターゲットからなり，また2030年に向けたミッションとして「自然を回復軌道に乗せるために生物多様性の損失を止め反転させるための緊急の行動をとる」（環境省訳）ことを掲げており，ネイチャーポジティブの達成を念頭に置いたものと考えられます。

未達に終わった愛知目標を踏まえて，GBFでは「これまでの目標よりも実効性を高める仕組みが強化」（環境省）されています。具体的には，定性的な目標が多い愛知目標と比較して，具体的な数値目標が８種類盛り込まれており，進捗評価の仕組みも同時に採択されています。

数値目標の例として，陸域・内水・海域の30％を保護する「30by30」目標が定められています。侵略的外来種や農薬・化学物質に関する目標も定められたほか，生物多様性に対する資金ギャップ（本来必要な投資額と現状の差）を埋めていくための資金動員の目標も設定されています。

後者の進捗評価の仕組みとしては，各国共通で利用を求められるヘッドライン指標での報告，2026年および2029年等の国別報告書をもとに，各国の取り組みの進捗状況を点検・評価する「グローバル・レビュー」等が存在します。

■GBFを受けた各国政府の動向

GBFは国に対する目標であるため，各国はこれらの目標やレビューシステムの存在を踏まえ，GBFに整合した計画の策定・更新などを行っていくことになります。

生物多様性に関する政策の動向は，CBD-COP15の前後で実際に盛んとなっています。日本では2030年までのロードマップとして「生物多様性国家戦略2023-2030」を策定したほか，国土交通省の第６次国土利用計画でもネイチャーポジティブが掲げられています。EUでは「2030年生物多様性戦略」，森林破壊防止デューデリジェンス義務化規則，CSRD（Corporate Sustainability

Reporting Directive：企業向けの非財務情報開示指令）における生物多様性の項目設定，EUタクソノミーにおける考慮（気候変動への緩和・適応を含む6つの環境関連目標）など，さまざまな形で生物多様性が法的な枠組みに組み込まれています。これらの詳細は，第3章[1]およびコラムで解説しています。

国単位での目標であるGBFのうち，企業に特に関係すると考えられる項目がターゲット15です。これは，大企業や金融機関に対して，自然資本関連のリスク・機会等に関する報告・開示を要求する法的，行政的，あるいは政策的な措置を講じることを述べた項目になります。開示関連の動向は次項や第4章でも紹介しますが，気候変動と同じように企業の自然関連の開示に関する動向が数多くあります。GBFにおいて国際目標として記載されたことで，今後いっそう強まっていくことが考えられます。

《図表》愛知目標とGBFの数値目標

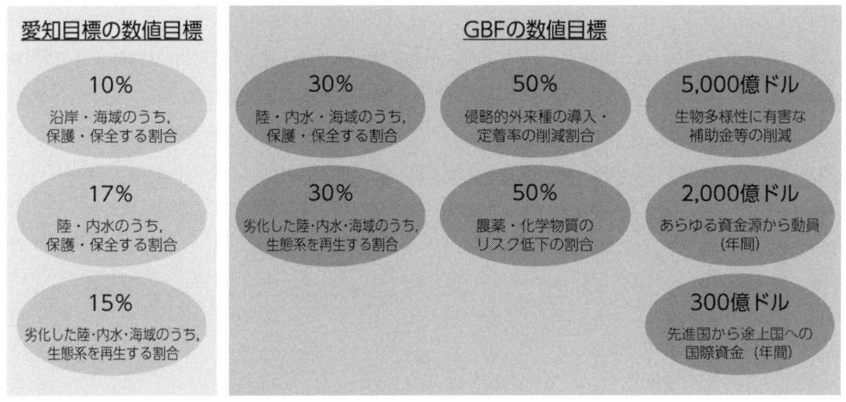

（出所）環境省HP，外務省HP，各種公開情報よりNRI作成

2　政策・イニシアチブに関する動向

国際社会におけるこれまでの平行議論の流れを踏襲し，気候変動に関連するイニシアチブ等を参照する形で生物多様性関連の検討が進んでいる

■生物多様性に関する国際議論の形成

前項までに述べたとおり，生物多様性は，気候変動と並行して長年議論されてきたものですが，開示・目標設定などの動きは気候変動が先行しており，自然資本ではあまり一般化してきませんでした。しかし近年，GBF前後で，先行する気候変動の取り組みを参照する形で自然資本関連のイニシアチブも盛んになっています。本項では，こうしたイニシアチブ動向の概要について述べます。

情報開示関連ではTNFD（Taskforce on Nature-related Financial Disclosures：自然資本関連財務情報開示タスクフォース）の他にCDP，GRI，ISSBなどが，自然資本関連の取り組みを進めています。欧州の非財務情報の開示枠組みであるESRSでも，生物多様性に関する項目があります。TNFDやSBTNを含めたこれらのイニシアチブについては，第４章で概要を説明しています。

投資家関連のイニシアチブでも，自然資本に関する動向があります。PRIやUNEP-FIは自然資本関連のガイダンスを発行しているほか，気候変動関連の機関投資家の団体であるCA100+を参照したNA100が設立され，エンゲージメント対象企業100社を発表しています。

いずれのケースでも，気候変動から概ね５年程度遅れて取り組みが行われており，GBFを踏まえた政策動向と合わせ，自然資本関連の取り組みがより一層進んでいく可能性があると考えます。

■国際イニシアチブの動向

特に大きく注目されているイニシアチブとしては，TNFDが挙げられます。TCFD（Taskforce on Climate-related Financial Disclosures：気候関連財務情報開示タスクフォース）の自然資本版ともいえるもので，TCFDの４要素を参

照した自然資本に関する開示フレームワークを2023年9月に公表しました。科学に基づいた自然関連の目標設定を扱うSBT（Science Based Targets）for Natureにおいても，気候変動における目標設定を行うSBTiを参照する形で検討が進み，2023年5月に部分的にガイダンスを発行しています。図表に示すとおり，他のイニシアチブ等も気候変動における先行例を参照する形で主流となっています。

《図表》気候変動・自然に関わる国際イニシアチブ等の全体像

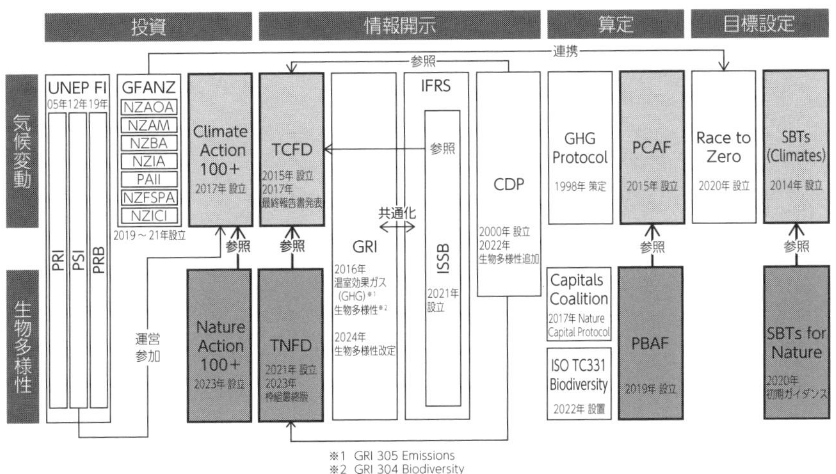

（出所）各種公開情報よりNRI作成

第2章

ネイチャーポジティブと他のサステナビリティテーマの関連

「ネイチャーポジティブ」に先行する形で顕在化したサステナビリティテーマとして，気候変動対応として脱炭素化を求める「カーボンニュートラル」が挙げられます。また，従来の大量生産・大量消費・大量廃棄型の経済社会システムから脱却し，製品や資源を可能な限り長く利用し，廃棄物を最小化した持続可能な循環型の経済社会システムである「サーキュラーエコノミー」への移行も近年取り組みが進んでいます。「人権」への配慮や対応についても近年議論が盛んとなっています。

これらのサステナビリティテーマはそれぞれ独立したものではなく，相互に関連があるものです。本章では，ネイチャーポジティブと他のサステナビリティテーマの関連性について整理します。

1　カーボンニュートラルとネイチャーポジティブの関係性

気候変動と生物多様性は密接に関連しており，それぞれの施策はシナジーやトレードオフを生じさせうる

■気候変動と生物多様性の関係

気候変動と生物多様性は密接に関係しています。気候変動が生物多様性に影響を与えることもあれば，その逆に，生物多様性の減少や自然資本の変化が気候変動の要因になることもあります。

気候変動による降水パターンの変化や，海洋の酸性化の進行等は，生物多様性や自然資本への影響をもたらすと考えられます。このため，気候変動は自然資本の劣化をもたらす５大要因の１つとされています（IPBES)。

例えば，逆に，炭素を固定する生態系が破壊されることで気候変動が進行加速する可能性があり，生態系の損失が気候変動に対する耐性（レジリエンス）の低下につながる可能性もあります。

■気候変動対応と自然資本対応はシナジーを持つこともあるが，逆にトレードオフが生じることもある

前述した関係性があるため，気候変動や自然資本への施策は，シナジーをもたらす可能性があります。自然を活用しつつ社会課題を解決していく，NbS（Nature-based-Solution）と呼ばれる取り組みがあります。GBFのターゲットでも活用が明記されているものですが，例えば適切に自然を回復・保全することで自然の炭素吸収能力を高めることができれば，気候変動と自然資本の両方に有効な施策となりえます。

一方で，いずれかに対する施策がもう一方に悪影響を与える可能性もあります。例えば，植林はCO_2の吸収量を増やすため，気候変動対策として注目されていますが，人工的に樹木を大量に植えることは，その土地の生態系に悪影響を与える可能性があるため，適切に設計・管理される必要があります。IPBES-IPCCのレポート（2021）によれば，植林に限らずさまざまな取り組みでこうしたトレードオフの関係が生じる可能性があります。

上記を踏まえると，気候と自然資本の問題は，例えばNbSのような形で一体

的に考えていくことが重要になりますが，現状ではそのような検討が不十分であることが指摘されています（IPBES-IPCC，2021）。気候変動と自然資本の関係性について適切に理解し，トレードオフを抑えながらNbS等を活用して経済的な効率性を担保しながら対応し，機会を獲得していくことが今後重要になっていくと考えられます。

《図表》カーボンニュートラルとネイチャーポジティブの関係

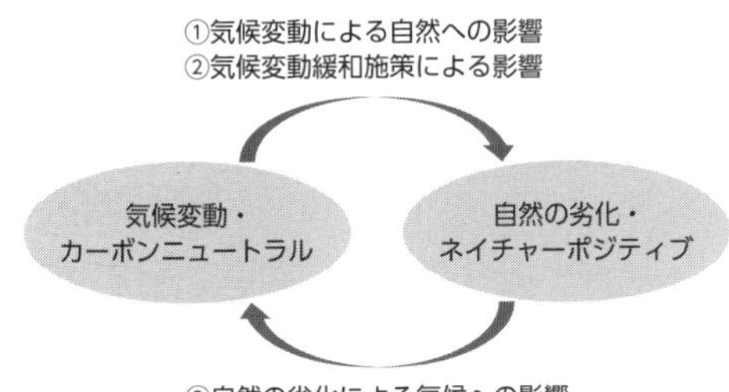

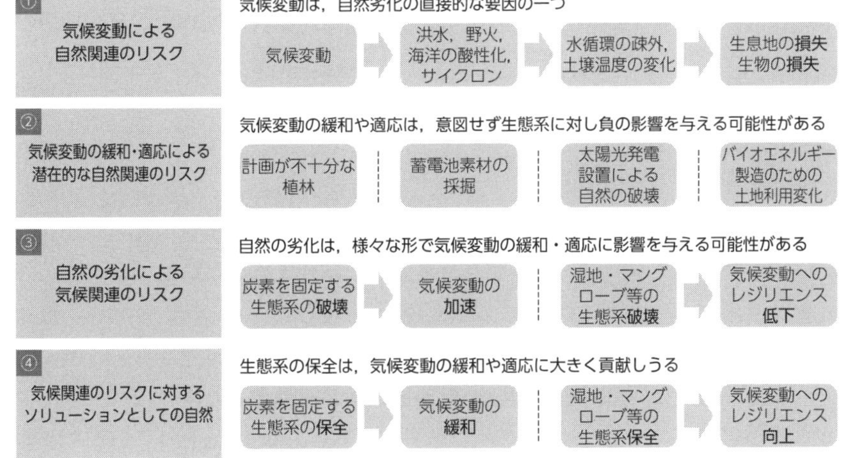

（出所）TNFD v1.0よりNRI作成

2　カーボンニュートラルと比較したネイチャーポジティブの特徴―相違点

自然資本対応は気候変動対応と比べ，地域性や評価指標の考慮が必要で複雑な問題となる場合が多く，評価手法の開発やデータ取得が課題となる

■検討要素の多さと複雑さ

ネイチャーポジティブ対応を考えるうえで，カーボンニュートラルと最も異なる点の１つに，影響の度合いを測る際の要素の多さや複雑さがあると考えられます。例えば気候変動対応では，自然に対する影響を考える際，最終的に問題となるのは世界全体で排出されるGHGの量ですが，自然資本対応においては，一口に「自然への影響」といっても廃棄物等さまざまな要素があります。図表はTNFDが全セクター向けに用いている「コア指標」から影響関連の項目を抽出したものですが，これだけでも土地利用，汚染，資源利用など９種類があります。

■自然の状態の考慮

影響の深刻さを評価する際，直接的に影響を受けるのはその地域の自然資本であるため，地域によって適切な評価方法や基準が異なります。例えば水資源について，水ストレス（再生可能な地表水および地下水の供給量に対する水の総需要量の割合）が小さい地域であれば問題とならない水の利用量でも，水ストレスが大きい地域であれば，同量の水利用が問題となる可能性もあります。

つまり，自然に対する企業活動の影響を適切に評価するためには，①さまざまな指標について，②その地域の自然の状態（State of Nature：SoN）を考慮しながら検討する必要があり，気候変動対応に比べて評価が難しい面があるといえます。

■地域・指標ごとに検討が必要な目標設定

目標設定も気候変動対応と異なる形になります。気候変動対応では，一定の野心度の目標（1.5℃目標等）に必要な世界全体でのGHG排出量の削減量が

IPCCにより報告されていますが，自然資本対応では上記の特性から世界全体で必ずしも一意には定まらず，地域・指標ごとに検討していく必要があります。気候変動対応においても，地域や産業の特性などに応じて求められる目標の水準は異なりますが，後者は主に「世界全体で必要な削減量は分かるがそれをどのように達成するか（誰がどれだけ削減すればよいか）」という問題で地域性が語られるのに対し，前者は「地域ごとに何をどれだけ削減すればよいのか」をまず検討する必要があるため，問題の性質が異なる部分があると考えられます。

■データの不足に関する課題

自社の自然との関係を把握するには，データの取得も必要となります。データ取得の課題は気候変動対応でも生じますが，自然資本対応では，前述のとおり検討要素も多く評価も複雑になるため，対応するデータの取得は大きな課題の１つになると考えられます。一方で，GBFにおいてデータや情報の充足に関する目標が設定されているほか，こうした課題を解決するサービスを提供する企業も出始めています。TNFDのガイダンスにおいても，初期段階から開示項目のすべてに対応することを求めてはおらず，できるところから実施していくことを推奨しています。

《図表》TNFDの影響に関するコア指標

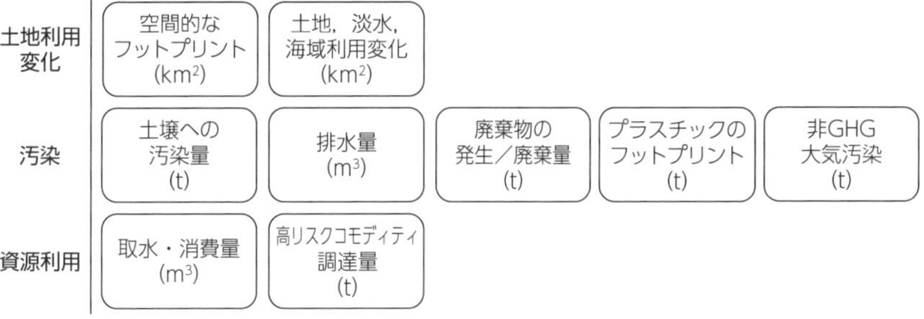

（出所）TNFD v1.0よりNRI作成

3　カーボンニュートラルと比較したネイチャーポジティブの特徴―類似点

サプライチェーンやイニシアチブの枠組みなど，カーボンニュートラルとネイチャーポジティブで共通する部分もあり，既存知見の活用や取り組みの共通化等ができる可能性がある

■カーボンニュートラルとネイチャーポジティブの共通点

前項では，気候変動対応と比較した自然資本対応の特徴について述べました。本項では，両者で共通する課題や，自然資本対応において気候変動対応の取り組みを活用できる点について述べます。具体的には，①サプライチェーン，②イニシアチブ，の２点です。

■サプライチェーンの把握と情報管理

気候変動への対応では，非財務情報開示の国際的枠組みであるISSBのS２基準案などにおいて，サプライチェーン上の排出量であるScope３まで含めた対応・開示が求められています。この正確な把握には，サプライチェーン上の情報が必要です。

自然資本対応でも，サプライチェーンの観点は重要です。上流や下流の企業が依存している生態系サービスが劣化すれば，サプライチェーンを通じて自社も影響を受けます。また，サプライチェーンを通じて自然に影響を与えているともいえます。企業の事業活動で自然資本に対し最も大きく影響を与えているのは，自然と直接かかわる最上流（農業，資源採掘等）ともいわれており，自社の自然とのかかわりを正確に把握するためには，サプライチェーンの観点が重要になります。

このように，気候変動対応および自然資本対応の双方において，サプライチェーンの把握が重要になります。項目としては異なるものであっても，情報の取得先は同じであるため，気候変動対応における既存の取り組みを利用することなどで自然資本対応を効率化できる点があると考えられます。

■ステークホルダーとの関係性

ただし，自然資本対応では，先住民や地域コミュニティの観点が，気候変動対応よりも強調されています。第４章で紹介するTNFDでは，世界の生物多様性の80％が先住民や地域コミュニティにより守られていること，先住民の管理する土地では生物多様性の減少が小さく遅いこと，先住民や地域コミュニティが自然の損失による悪影響を受けやすいことなどからその重要性について述べており，人権ポリシー等について開示項目を設けています。最もマテリアルな地域への対応で避けられない問題となっているためです。自然と人権の関係については，第２章3で詳細を述べます。

■イニシアチブの共通性

第１章2２で述べたように，TNFDをはじめとした自然関連のイニシアチブは，気候変動関連のイニシアチブを参照したものも多く，既存の取り組みが活用できる可能性があります。また第４章にも示すとおり，TNFDはTCFDの開示枠組みを組み込んでおり，共通する部分も多いと考えられます。実際の検討時には，前項で述べた違いを考慮する必要はありますが，一定程度のノウハウ活用は可能と考えられます。

《図表》カーボンニュートラルとネイチャーポジティブの比較

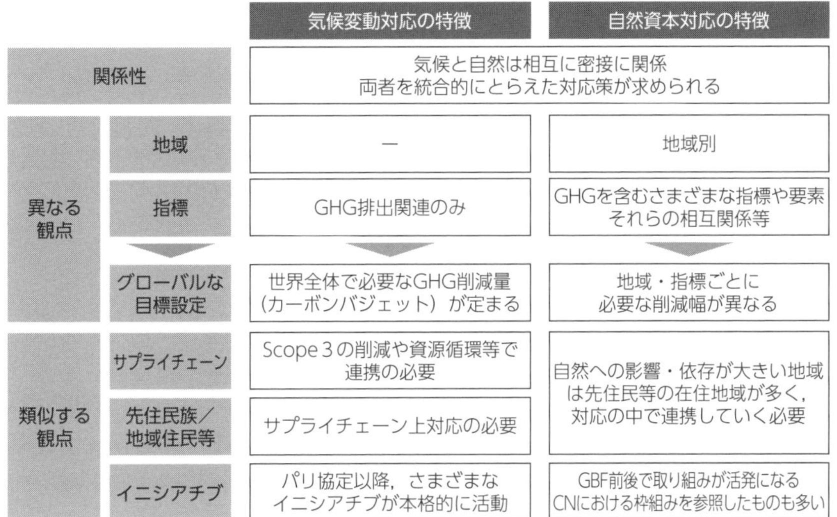

		気候変動対応の特徴	自然資本対応の特徴
関係性		気候と自然は相互に密接に関係 両者を統合的にとらえた対応策が求められる	
異なる観点	地域	―	地域別
	指標	GHG排出関連のみ	GHGを含むさまざまな指標や要素 それらの相互関係等
	グローバルな目標設定	世界全体で必要なGHG削減量（カーボンバジェット）が定まる	地域・指標ごとに必要な削減幅が異なる
類似する観点	サプライチェーン	Scope３の削減や資源循環等で連携の必要	自然への影響・依存が大きい地域は先住民等の在住地域が多く，対応の中で連携していく必要
	先住民族／地域住民等	サプライチェーン上対応の必要	
	イニシアチブ	パリ協定以降，さまざまなイニシアチブが本格的に活動	GBF前後で取り組みが活発になる CNにおける枠組みを参照したものも多い

（出所）各種公開情報よりNRI作成

1　サーキュラーエコノミーとネイチャーポジティブの親和性

サーキュラーエコノミーの３原則の１つである「自然の再生(Regenerate natural systems)」は，ネイチャーポジティブの概念そのものである

■エレン・マッカーサー財団が提唱するバタフライダイアグラムとサーキュラーエコノミー３原則

2015年に欧州委員会が発表した「サーキュラーエコノミーに向けたEU行動計画」を契機として，従来の「大量生産・大量消費・大量廃棄」のリニアエコノミー（線形経済）からサーキュラーエコノミー（循環経済）への転換に向けた取り組みが世界的に進められています。

サーキュラーエコノミーは，製品や資源を可能な限り長く利用し，廃棄物を最小化した持続可能な循環型の経済社会システムです。サーキュラーエコノミーを推進する英国エレン・マッカーサー財団が提唱する「バタフライダイアグラム」は，サーキュラーエコノミーの根幹をなす概念となっています。このダイアグラムでは，さまざまな循環の形式が整理されており，左側の「生物サイクル」と右側の「技術サイクル」の２つに大別されます。

さらにエレン・マッカーサー財団は，サーキュラーエコノミーの３原則として「廃棄物と汚染の排除」「製品と材料の循環」に加えて，「自然の再生」を掲げています。

■生物サイクルを活用した資源と自然の再生

３原則のうち，「自然の再生」は生物サイクルと強く関連します。生物サイクルは，自然が元来保有する機能を利用して，資源を再生・循環させるものです。この過程で，自然の再生も同時に図ることができます。

わかりやすい例としては，農業分野における稲わらの土壌へのすき込みや，堆肥化した食品廃棄物を用いた農地の地力向上など，リジェネラティブ農業（環境再生型農業）と呼ばれる取り組みが挙げられます。副産物・廃棄物であるバイオマスの自然への還元は，バクテリアによるバイオマスの分解をもたら

し，結果として土壌が肥沃となり，さらに土壌や周辺環境の生態系の向上に寄与します。資源としてのバイオマスの再生および循環と，自然の再生が両立されるわけです。

このような自然の機能は生物多様性によって支えられているものであり，ネイチャーポジティブの目指す世界観と本質的に同等であるといえます。つまり，サーキュラーエコノミーの生物サイクルの活用は，ネイチャーポジティブへの貢献につながると考えられます。

《図表》エレン・マッカーサー財団が提唱するバタフライダイアグラムとサーキュラーエコノミー３原則

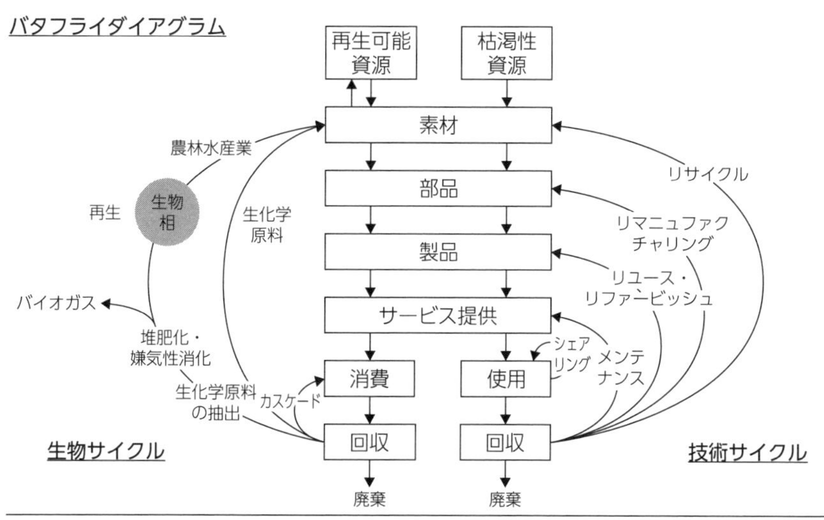

サーキュラーエコノミーの３原則

❶ 廃棄物と汚染の排除　❷ 製品と材料の循環　❸ 自然の再生

（出所）エレン・マッカーサー財団HPよりNRI作成

2　手段としてのサーキュラーエコノミー

ネイチャーポジティブの達成に向けて，サーキュラーエコノミーは手段として捉えられる

■サーキュラーエコノミーによるネイチャーポジティブへの寄与

前項では，エレン・マッカーサー財団が掲げるサーキュラーエコノミー３原則の１つである「自然の再生」が，ネイチャーポジティブと概念的に重なるものであることを述べました。サーキュラーエコノミーとネイチャーポジティブはサステナビリティテーマとして横並びで位置づけることも可能ですが，両者の違いとして，サーキュラーエコノミーは手段としての特性がより強いと考えられます。つまり，リニアエコノミーからサーキュラーエコノミーに転換すること自体が目的ではなく，この転換によってネイチャーポジティブの達成を目指すものと位置づけられます。

本項では，手段としてのサーキュラーエコノミーが，どのようにネイチャーポジティブに貢献できるかについて整理します。具体的な貢献の方法としては，自然への「負の影響の低減」と「正の影響の増大」の２つの観点が挙げられます。

■技術サイクルによる資源採掘の抑制を通じた「負の影響の低減」

環境省の「ネイチャーポジティブ経済研究会」では，世界経済フォーラムの報告をもとに，サーキュラーエコノミーに関わるネイチャーポジティブ関連の国内におけるビジネス機会額を，約26.1兆円と算定しています。そのうち最も大きな割合を占めるのは，約22兆円に及ぶ省資源化です。これは，前項で示したバタフライダイアグラムのうち，技術サイクルに位置づけられる取り組みです。

技術サイクルにはリサイクルやリマニファクチャリング，リファービッシュといった循環の形態が含まれています。こうした素材，部品あるいは製品の循環は，バージン素材等の需要を抑制し，資源採掘の規模や頻度の減少をもたらします。資源採掘における土地改変や森林伐採，あるいは騒音などの発生が，周囲の自然に負の影響を及ぼすことは想像に難くありません。このような観点で，サーキュラーエコノミーの技術サイクルに関する取り組みは，自然に対す

る負の影響を低減することでネイチャーポジティブに貢献します。

他には，約2.1兆円を占める廃棄物管理は，選別技術の革新や分別における消費者の行動変容がその構成要素ですが，これらは技術サイクルでの循環量を向上させるものです。つまり，省資源化と同様に，バージン素材等の需要，すなわち資源採掘の抑制に寄与します。フレキシブルオフィス（約0.3兆円）や住宅シェアリングモデル（約0.02兆円）は，技術サイクルのシェアリングに分類されるものですが，これらも同様の形で「負の影響の低減」に寄与します。

■生物サイクルによる自然の再生などの「正の影響の増大」

前項で示したように，生物サイクルの活用は資源と自然の双方を再生に繋がります。資源の再生については，技術サイクルと同様に「負の影響の低減」に貢献するものです。ネイチャーニュートラルではなくネイチャーポジティブを目指すためには，「負の影響の低減」に加えて，「正の影響の増大」が求められますが，こうしたポテンシャルを持つ生物サイクルが積極的に活用されることが望まれます。

《図表》ネイチャーポジティブ関連のビジネス機会額の内訳

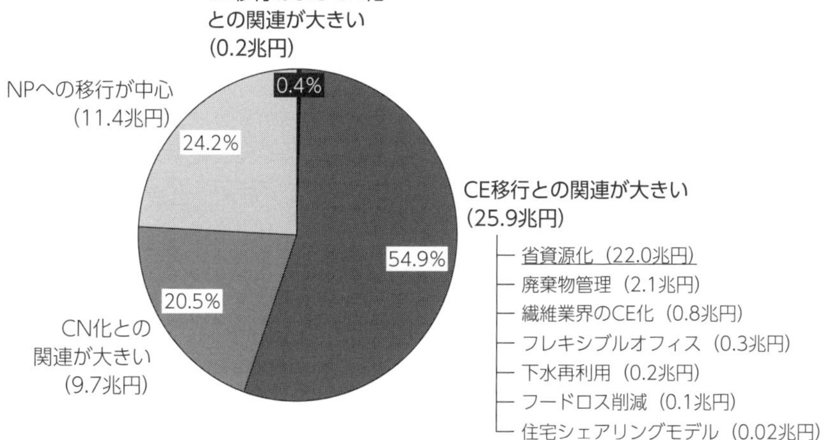

（出所）ネイチャーポジティブ経済研究会資料よりNRI作成

3　ネイチャーポジティブがもたらすサーキュラーエコノミーの変化

ネイチャーポジティブは，サーキュラーエコノミーの取り組みに対する評価の新たな観点となり，循環のあり方を変化させる

■新たな評価観点としてのネイチャーポジティブ

手段としてのサーキュラーエコノミーがネイチャーポジティブの達成に貢献することについて，前項では述べました。サーキュラーエコノミーに関する取り組みは，ネイチャーポジティブの観点では概してポジティブに評価される傾向となることが想定されます。一方で，評価の向上は一律なものではなく，循環の形態等によって異なるはずです。

ネイチャーポジティブの台頭により，従来のサーキュラーエコノミーの取り組みに対する評価が変わり，そのあり方が代わっていくものと考えられます。サーキュラーエコノミーに取り組むうえで今後より重要となると考えられるポイントを２点整理します。

■生物サイクルにおけるロケーションの視点

前述のとおり，生物サイクルを活用したサーキュラーエコノミーの取り組みは，特にネイチャーポジティブとの相性が良いと考えられます。ただし，自然に対する正の影響を最大化するために，ロケーションの観点を取り入れることが今後はカギになると考えられます。

自然の状態は，ロケーションによって異なります。堆肥を用いたリジェネラティブ農業による地力向上を例とすれば，自然の状態がもともと良好な場所は，再生の余地が大きくなく，堆肥を投入することによる効果は限定的であると考えられます。土中の栄養素不足が生物多様性向上のボトルネックとなっているロケーションを割り出し，そこで堆肥散布を行うことで，ネイチャーポジティブに対するより大きな貢献につながります。

■技術サイクルから生物サイクルへの拡張と融合

これまでのサーキュラーエコノミーに関する取り組みは，第一次産業を例外として，それ以外の多くの素材・製品においては技術サイクルにおける循環が中心となってきました。一方で，技術サイクルだけでは完全な循環を形成することが難しいことも事実です。例えばプラスチックは，製品単位でのシェアリングやリファービッシュ，あるは素材単位でのマテリアル・ケミカルリサイクルに関する取り組みが進んでいますが，一定量の廃棄，およびそれに伴うバージン素材のサイクル内への投入は避けられません。これについては，バイオマスプラや生分解・堆肥化可能プラなど，生物サイクルに関わる技術開発などが進んでおり，２つのサイクルの融合による循環の高度化が検討されています。

ネイチャーポジティブの台頭により，このような技術サイクルから生物サイクルへの拡張，あるいは融合が，より加速すると考えられます。これは前述のように，自然に対して正の影響を与えることができる生物サイクルが，ネイチャーポジティブ観点では今後さらに重要となるためです。

《図表》技術サイクルと生物サイクルを融合させたプラスチック循環の高度化イメージ

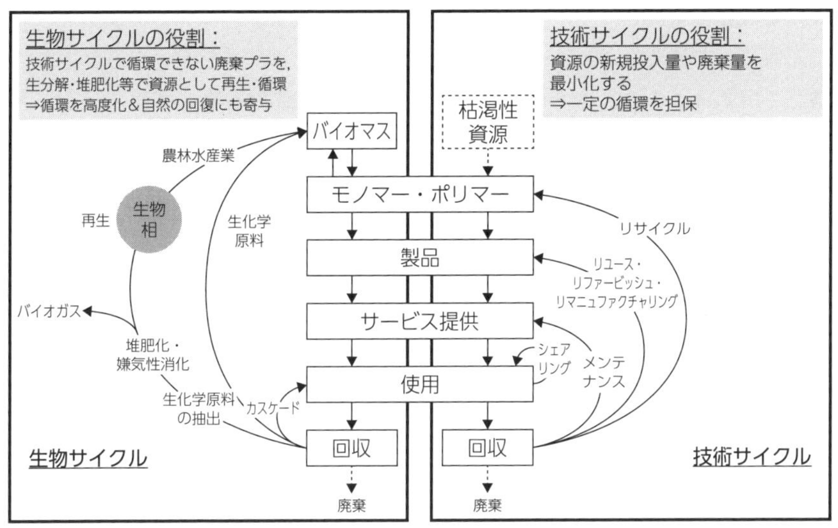

（出所）NRI作成

1　生物多様性と人権への並行的な注目の高まりと関連性

生物多様性の議論が進むにつれ，「人権」が無視できない対応事項に

■人権に対する議論の高まり

気候変動に関する議論と比較して，生物多様性や自然資本に関する議論では地域の観点がより重要となるのは前項までに述べたとおりです。企業活動による自然の破壊や保護についても，地域単位で明確となる傾向が強くなっています。そのため，その土地の先住民や地域コミュニティの権利を含む人権への対応が，生物多様性や自然資本への対応と並行して重要性を増しています。

■TNFDにおける人権の考え方

TNFDでは，TCFDとは異なる独自の開示項目として「人権に関する方針・エンゲージメント・ガバナンス」が盛り込まれました。特にエンゲージメントの対象として重視されているのは，先住民族と地域コミュニティです。

先住民族や地域コミュニティに対する関係評価およびエンゲージメントの実施が，企業によるリスクや機会の把握を促進する可能性を有しているとし，自然資本対応を進めるうえで先住民族や地域コミュニティを重要なステークホルダーとしています。また，企業と先住民族・地域コミュニティの関係が，レピュテーションリスクや，社会課題の解決策（NbS）を開発できる可能性につながることにも言及しており，地域住民への人権対応の重要性を示しています。

また，自然への依存・影響を評価する際には，自然資本の利用で影響を受けると考えられるステークホルダーへの考慮に関する人権方針や，取締役会の人権監督体制を開示することを求めています。ステークホルダーへのエンゲージメント活動の状況や計画についても，開示が要求されています。

■生物多様性および人権に関連した事業への財務的リスク

事業への財務的リスクの観点からも，事業による自然への依存・影響と人権は密接に結びついているといえます。企業の不祥事（Controversy）をスコア化して評価に活用しているMSCI（Morgan Stanley Capital International）で

は，環境および人権の両カテゴリーに分類される不祥事が多くみられ，２つの要素は切り離しては考えられないものであることが確認できます。例えば，資源開発のため特定の土地を開拓した場合，開発による環境破壊と，土地の地域住民が移住を余儀なくされるという環境・人権のいずれにも関連する可能性があります。環境や人権に関わる不祥事は深刻化しやすく，株価低下に影響する可能性も高くなります。

環境・人権の両面を考慮した企業への規制の動きも進んでおり，規制主導での財務リスクも高まっています。EUにおける「企業持続可能性デューデリジェンス指令案」では，自社による環境と人権への危害を特定することが義務づけられており，これらを特定するデューデリジェンス方針を策定することなどが企業に求められています。本指令案はEU域内で活動をするEU域外企業も対象とされており，施行された場合は日本企業も対応が必要となります。

事業を行う地域での自然への依存・影響の把握が今後進む中で，地域のステークホルダーへの影響も明確になり，対象への人権対応の重要性も同様に高まることが予想されます。こうした人権へのより具体的な対応方針の検討や，対応体制の確立による財務リスクの回避がより一層重要となります。

《図表》TNFDにおける人権尊重すべきステークホルダーとリスク・機会

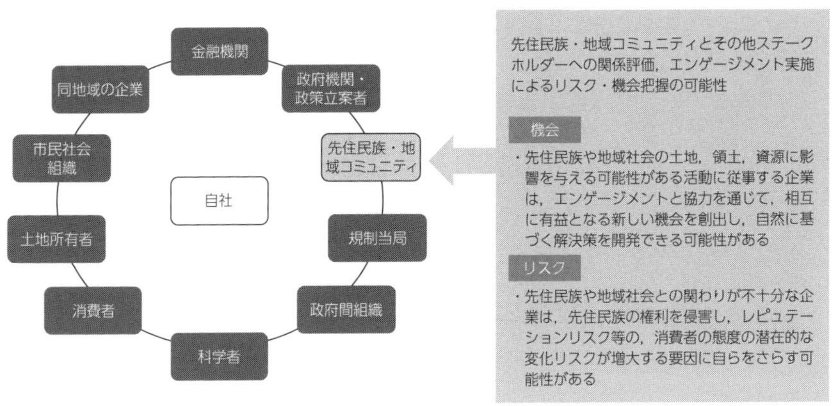

（出所）TNFD v1.0よりNRI作成

労働生産人口①

2030年，世界の経済トレンドが「逆転」する？？？

■世界人口は「ボーナス期」から「オーナス期」に

一般的に，経済活動に参加できる生産年齢人口（15歳以上65歳未満の人口）が全人口に占める割合が高い期間は，労働力が多いため経済生産が活発になり，経済全体が好景気になることがしばしば観察されます。これはまさに，労働力の多さが経済全体にボーナスをもたらすため，「人口ボーナス期」と呼ばれます。一方，子供（15歳未満）や高齢者（65歳以上）の人口が増え，生産年齢人口の割合が全人口からみて相対的に少なくなる期間は，労働力の減少により経済成長が鈍化する傾向にあります。さらに，経済活動に参加できる人達の負担が大きくなり，社会保障費等が増大します。このような状況は，まるでオーナス（重荷・負担）のように経済に影響を及ぼすため，「人口オーナス期」と呼ばれます。

2020年時点で約78億人に達したとされる世界の全人口は，2060年まで持続的に増加して100億人を突破するといわれています。しかしながら，生産年齢人口割合は2030年以降，減少に転じると予測されています。1980年頃に約59％だった世界の生産年齢人口割合は，徐々に増加して，2010年頃に約65％に達すると横ばいで推移してきました。今後の予測によれば，2030年頃までは約65％を維持するものの，2060年頃には約62％にまで減少すると見込まれています。

このように，世界的に「人口ボーナス期」から「人口オーナス期」に突入するということは，世界の経済トレンドが「促進期」から「抑制期」に「逆転」することを意味します。需要（全人口）に対して，供給（生産年齢人口）が不足する状態に突入するため，従来以上にサステナビリティ（持続可能性）が問われる時代になるでしょう。

■世界に先駆けて人口オーナス期に突入した欧州と北米

この生産年齢人口割合が減少しはじめるタイミングを地域別にみてみると，欧州と北米が2010年頃にピークアウトしていることがわかります。特に欧州は，2000年頃に約68％に達した後，2010年頃までは横ばいで推移したものの，2020年頃には約65％にまで減少しました。今後は徐々に減少し，2060年頃には約56％になると見込まれ，世界の他の地域と比べても低位になると予測されています。

欧州は一般的に，ネイチャーポジティブをはじめとしたサステナビリティに関する意識も高く，これらテーマの世界的な震源地になっています。その背景には，世界に先駆けて人口オーナス期に突入したことで，経済社会の存立基盤を維持・再構築していくことに対する危機感の表れがあるかもしれません。

《図表》世界の人口・生産年齢人口割合の推移と予測（1980～2060年）

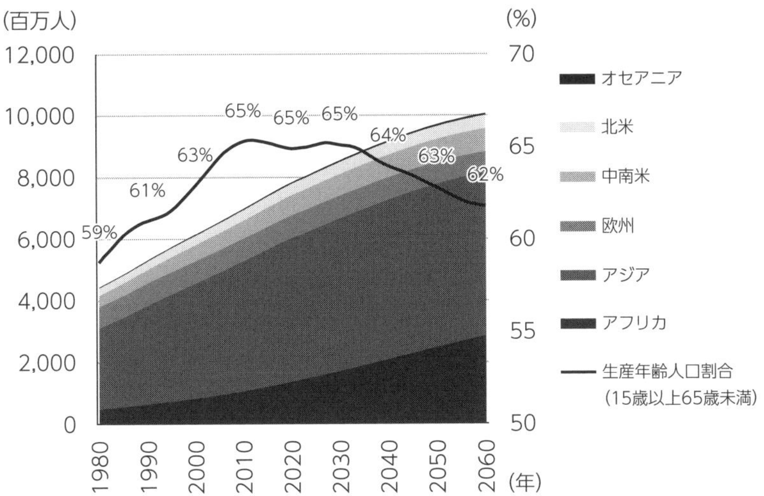

（出所）United Nations "Data Portal" よりNRI作成

《図表》世界の地域別生産年齢人口割合の推移と予測（1980～2060年）

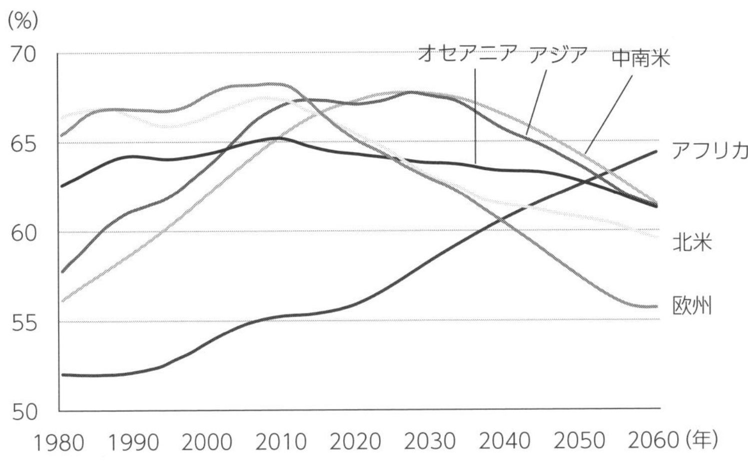

（出所）United Nations "Data Portal" よりNRI作成

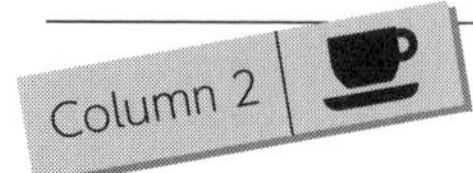

労働生産人口②

2030年，日本のデフレと低金利を支えてきたとの見方もあるアジアの生産年齢人口増加も鈍化する

■日本は1990年頃に生産年齢人口割合がピークアウト

前コラムで，2030年頃に世界の生産年齢人口割合がピークアウトする（人口ボーナス期から人口オーナス期に突入する）と見込まれていることを紹介しました。さらに，欧州は世界に先駆けて2010年頃に生産年齢人口割合がピークアウトしたので，ネイチャーポジティブをはじめとしたサステナビリティ（持続可能性）に関する意識が高いのではないか？　と指摘もしました。

では，日本はどうでしょうか？「日本の生産年齢人口割合はもっと前に，ピークアウトしたのでは？」「だとすれば，もっとサステナビリティに対する危機感が高まってもよいのでは？」と考える方もいらっしゃるでしょう。

確かにそのとおりで，日本の生産年齢人口割合は1990年頃の約70％をピークに減少しはじめ，2020年頃には約58％にまで低下しています。つまり，欧州よりも20年近く前にピークアウトしていることになります。さらにいえば，生産年齢人口割合が約70％という水準は，世界全体のピークが約65％（2010～30年頃），欧州のピークが約68％（2000～10年頃）であることと比較しても，非常に高位でした。日本の生産年齢人口割合が，戦後の短期間において急速に高位になったことが，驚異的な高度経済成長を支えたと考えることもできます。

そして1990年代以降，日本の生産年齢人口割合は低下し始めましたが，そのデメリットを何とか回避できたのは，女性の社会進出や高齢者の雇用延長等だけでなく，この時期に中国やインドを中心としたアジア諸国の生産年齢人口が爆発的に伸びたことも影響しているとの指摘があります。振り返れば，1990年代以降，多くの日本企業が安価な労働力を求め，周辺アジア諸国に生産拠点を移してきたことが，その証左となるでしょう。

■アジアの生産年齢人口も徐々にピークアウト

このように，日本のデフレ・低金利を支えたとの見方もあるアジア地域の生産年齢人口増加も，2030年頃から鈍化し始めます。そして，2050年頃にはピークアウトしていくと見込まれます。加えて，アジア諸国自身の経済社会の成長・成熟化も進んでいきますから，日本がアジア諸国の生産年齢人口に依存することは難しくなるのです。

こうなってくると，日本でも経済社会の存立基盤を維持・再構築していくことに対する危機感が，いよいよ高まってくるのではないでしょうか（むしろ，高める必要があると思います）。その結果，サステナビリティに対する意識も高まるのではないかと思われます。

《図表》日本の生産年齢人口割合とアジアの生産年齢人口の推移と予測（1980～2060年）

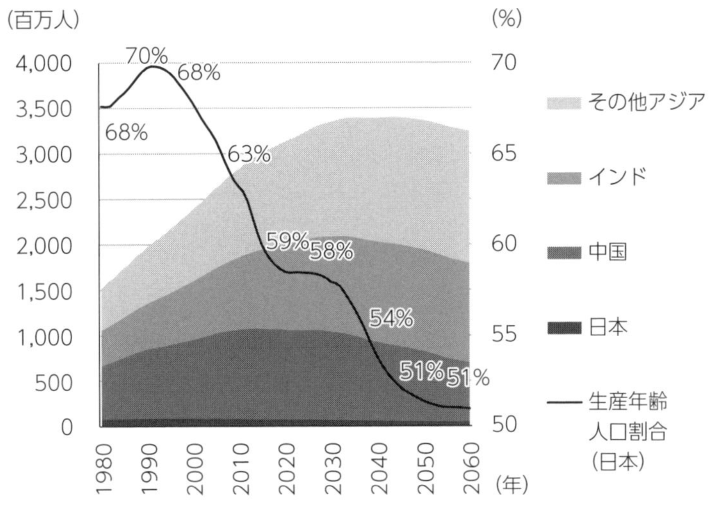

（出所）United Nations “Data Portal” よりNRI作成

第3章

各国・地域の政策等の動向

2022年のCBD-COP15におけるGBF合意より以前から，欧州を中心として生物多様性や自然資本に関する地域ごとの政策や規制が打ち出されています。

こうした動向は，それぞれの地域において事業を展開している，あるいは原料等を調達している日本企業にとっても当然注視すべきものです。また，日本を含む他地域における政策や規制に影響を及ぼす可能性もあり，すべての日本企業にとって他人事ではありません。

本章では，欧州，米国，豪州における動向を整理します。

1　EUタクソノミー，SFDR，CSRD

持続可能な経済活動を定義したEUタクソノミーをもとに，事業会社および金融機関に対する情報開示を義務化

■EUタクソノミーでは，生物多様性や自然資本への配慮を重視

欧州委員会は2019年12月に欧州グリーンディールを発表し，2050年までに域内のGHG排出を実質ゼロとする気候中立と，経済成長の両立を目指すことを宣言しました。その後，グリーンウォッシュを防止し，持続可能な経済活動に民間資金を動員することを目的として，環境的に持続可能な経済活動の基準を定義した「EUタクソノミー」の策定が進められました。

EUタクソノミーでは，「気候変動の緩和」「気候変動への適応」「水や海洋資源の持続可能な使用および保全」「循環経済への移行，廃棄物削減およびリサイクル」「汚染防止および汚染管理」「生物多様性とエコシステムの保全」の６つの環境目標を規定しています。これら環境目標のうち１つ以上に貢献することや，残りの環境目標に重大な損害を与えないことなど，４要件を充足することが持続可能な経済活動の要件となります。６つの環境目標からは，生物多様性や自然資本への配慮が重視されていることが伺えます。

■金融機関等のサステナビリティ関連情報開示を義務化

金融市場参加者および金融アドバイザーに対する「サステナビリティ関連情報開示規則（SFDR）」は，欧州委員会から2019年12月に公布され，2021年３月から適用されました。この規則では，投資判断によるサステナビリティ関連要素への重大な負の影響（PASI）等についての開示を求めています。PASIの構成指標の中には，「生物多様性へのマイナスの影響」も組み込まれています。

開示義務は企業レベルと商品レベルの２つに分けられており，前者ではPASIの考慮有無やデューデリジェンスの内容，サステナビリティリスクに関するポリシーや，リスク組込に関する報酬に関するポリシーの開示を義務づけています。後者では，各商品におけるPASIへの考慮などの開示を要求しています。

■事業会社にもサステナビリティ関連情報の開示を義務づけ

前述した金融機関等の情報開示義務化などによって，事業会社のサステナビ

リティ関連情報へのニーズが高まりました。一方で，開示要件が曖昧であったことから追加開示要請等のビジネスコストの高まりなどの課題が顕在化しました。そうした課題への対応として，2021年４月に従来の「非財務情報開示指令(NFRD)」を更新・強化するものとして，「企業サステナビリティ報告指令(CSRD)」案が公表され，2023年１月に施行に至りました。

CSRDはダブルマテリアリティの概念に基づいており，企業による環境・社会への影響と，サステナビリティ関連の目標・施策・リスクなどが企業に与える影響の両面の開示を要求しています。CSRDの開示要件を満たすためのフレームワークである欧州サステナビリティ報告基準（ESRS）は，４カテゴリー12項目で構成されており，環境カテゴリーには「生物多様性と生態系」や「水と海洋資源」など，生物多様性や自然資本に関する項目が含まれています。

CSRDの適用開始時期は，企業の売上規模等で異なります。親会社がEU域外でも，「EU域内の売上が過去２期連続で1.5億ユーロ以上」であり，「EU子会社が大企業あるいは上場企業」あるいは「EU支店の域内売上が4,000万ユーロ以上」である場合は開示が必要であり，日本企業にとっても注意が必要です。

《図表》EUタクソノミー，SFDR，CSRDの関係性

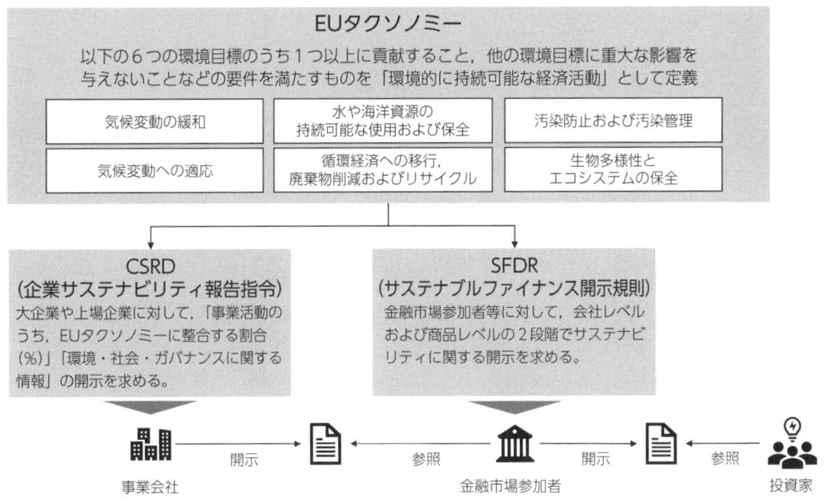

（出所）各種公開情報よりNRI作成

2　2030年生物多様性戦略

世界に先駆けて自然や生態系の保護に関する野心的な目標を2020年に設定

■自然や生態系の保全に向けたこれまでの取り組み

EUでは，これまでも自然や生態系の保全に関する指令採択や法制化が進められてきました。例えば1979年の「鳥類指令」では野鳥の生息地を指定して，保護することを義務づけました。1992年の「生息地指令」では，貴重な野生種として450種類の動物と500種の植物を規定し，その生息地の保全を定めました。この指令によって，「Natura 2000」と呼ばれる26,000地区から構成され，EU全土の２割弱を占める生物保護地区ネットワークがEU域内に確立されました。

1992年に国連で採択された生物多様性条約に対しては，翌93年に署名し，94年に批准しています。また，2010年のCBD-COP10で採択された愛知目標を踏襲する形で，2020年までの生物多様性戦略を2011年に発表しました。

一方，その後の10年余りの間で自然や生態系の保全が進んでいるとは必ずしもいえず，気候変動の深刻化や新型コロナウイルス感染症の蔓延などの社会課題も生じました。

■CBD-COP15の２年前にEU独自の定量目標を設定

こうした状況を受けて，EUは2020年５月に「2030年生物多様性戦略」を採択しました。これは，2019年11月に採択された欧州グリーンディール政策に基づくものです。この戦略の特徴は，適切に維持されている自然や生態系の保護強化に加えて，劣化した自然や生態系の再生に向けた定量目標を掲げているところです。

例えば，2030年までにEU域内の陸および海の各30％を保護区として，生態保護地区ネットワークを統合することが示されています。こうした定量目標は，国際社会で当時議論されていた目標案を反映したものであり，2022年12月のCBD-COP15で合意されたGBFの内容とも一致するものとなりました。

■目標の達成に向けた具体的な対応策を提示

2030年生物多様性戦略では，掲げた定量目標の実現に向けた体制構築などの具体策が示されています。例えば，合意内容の適切な実施を導くための包括的なガバナンスの枠組みの導入を宣言しています。また，コンプライアンス保証の向上のために，市民社会がコンプライアンスの監視機関としてより機能するための支援にも言及しています。情報へのアクセス，意思決定への参画，司法アクセスを市民社会に保障するための最低限の国際基準を定めた「オーフス条約」の改正提案により，NGO機能の強化も図っています。加えて，生物多様性などの環境側面を含む非財務情報開示の質と範囲の拡大などにも言及しており，これについては詳細を後述します。

■社会経済的な便益を明確化し，EU経済の回復手段として位置づけ

自然や生態系を保全する意義として，気候変動の緩和・適応に加えて，生態系サービスによる経済的便益の享受や，食料安全保障，人獣共通感染症の予防などが2030年生物多様性戦略では掲げられています。こうした意義に関連した具体的な経済へのインパクトも試算されており，例えば自然保護地区ネットワークのもたらす経済効果は2,000～3,000億ユーロ／年であり，約50万人の雇用を生み出すことが期待されています。このように，自然や生態系の保全への取り組みは，新型コロナウイルス感染症の蔓延により低迷した経済の復興策の1つとして位置づけられています。

《図表》2030年生物多様性戦略で示された定量目標の例

陸域・海域の各30％以上を保護区化	30億本の植樹	25,000km以上の河川を自然堤防化

（出所）各種公開情報よりNRI作成

3　Farm to Fork

自然への依存・影響が大きい農業・食品セクターに特化した戦略および指標を示し，EU域内のみならずグローバルでの移行を目指す

■環境・人権・経済の観点から持続可能なフードシステムの確立を目指す

2030年生物多様性戦略と同じく2020年５月，「Farm to Fork戦略」が公表されました。農場から食卓までを意味するこの戦略は，農業・食品セクターに特化したものであり，欧州グリーンディールの中核をなすものです。

戦略策定の目的としては，EUのフードシステムの環境フットプリント削減によるレジリエンス強化が述べられています。フードシステムは土壌や淡水・海水資源など，多くの自然資本に依存していることを認識し，これらの保護・回復に努めながら持続可能なシステムを構築することが必要としています。

新型コロナウイルス感染症の蔓延により重要性が再認識された，食の安全保障の確保にも言及しています。第一次産業を含むフードシステムに関わる域内のステークホルダーの競争力を高め，所得を向上させることを目指し，環境フットプリントの削減がその一役を担うとしています。また，多様な食へのニーズ・嗜好に対応しながら，食の安全性や品質，あるいは動物の健康と福祉を確保することも鍵であると述べています。

■国際社会に波及した目標設定

生産から消費までのフードシステムを持続可能なものにするために，2030年生物多様性戦略と同様に定量的な目標が設定されました。2030年までに農薬の使用量とリスクを50％削減，化学肥料の使用量を20％以上削減などです。動物および人間のヘルスケアに重大な影響を与えている薬剤耐性に対する措置として，畜産と水産養殖で用いられる抗菌剤の50％削減も掲げています。

これらの目標の一部は，GBFにも反映されるなど，国際社会におけるスタンダードとなりつつあります。日本国内においても，2021年５月に策定された「みどりの食料システム戦略」において目標値は一部異なりますが，同様の指標が設定されています。

■食生活の変革についても言及

フードシステムの移行には，最も川下に位置する消費者の行動変容が重要であることにも言及している点は見逃せないポイントです。消費活動のあり方にも切り込んでおり，EU域内の現状課題として，赤身肉や砂糖，塩，脂質の平均摂取量は推奨量を超過している一方で，穀物や果実，豆類の消費が不十分であることを指摘しています。タンパク源の中で，肉類は豆類と比較して環境負荷が高いことは以前から指摘されていますが，現状の消費活動は健康面のみならず環境面でも持続可能性が低いと本戦略では述べています。

フードチェーンの持続可能性を高めるための消費者向けの方策としては，食品包装における栄養素表示の義務化や，原産地表示の対象拡大の検討，有機野菜などに対する税制上の優遇措置の導入などを挙げています。

■日本企業への影響

前述した目標や規制などは，EU市場で事業を展開する日本の企業にとって重要です。環境フットプリント削減に向けて，長距離輸送を伴う域外からの食品や原料の輸入への規制も進むと考えられます。世界最大の農作物の輸出入国および水産物市場であるEUのフードシステム変革で，世界的な移行にもつなげることを本戦略では掲げています。この移行がどの程度実現するかは不透明ですが，日本を含む他地域への波及についても動向を注視する必要があります。

《図表》Farm to Fork戦略が目指す持続可能なフードシステム

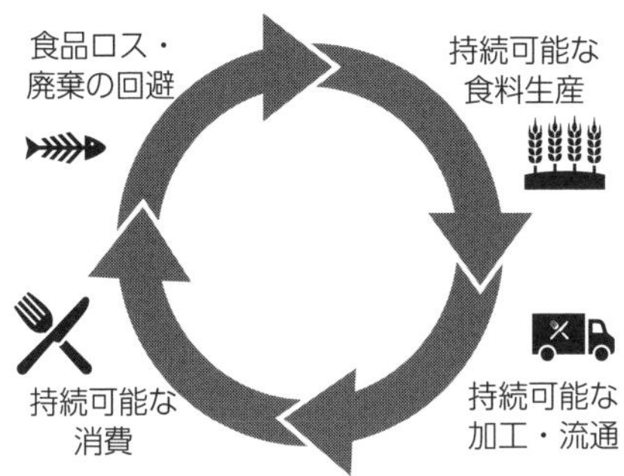

（出所）各種公開情報よりNRI作成

4　森林破壊防止DD指令

森林減少・劣化への影響が大きい農作物を対象にデューデリジェンスが義務化

■自然を構成するさまざまな要素の中で，森林関連の検討や規制が先行

産業活動が依存あるいは影響を与える自然の対象は，多岐に渡ります。ネイチャーポジティブ達成のためには，各対象の特性などに応じた規制やルール作りが求められますが，その中で森林に関する検討が先行しています。

2021年に英国グラスゴーで開催されたCOP26の中で，英国ジョンソン首相が主催した世界リーダーズ・サミットの一環として開催された「森林・土地利用イベント」においては，「森林・土地利用に関するグラスゴー・リーダーズ宣言」が発表されました。2030年までに森林消失と土地劣化を食い止め，状況を好転させることを目的としており，日本を含む140以上の国・地域が署名しています。また，宣言の実効性担保のために発表された「森林・農業・コモディティ対話（FACT対話）共同声明」では，農作物のサプライチェーンにおける森林減少を阻止し，世界の森林を保護することが掲げられました。

そうした背景の中で，EUの森林破壊防止デューデリジェンス義務化規則が2023年６月に発効されました。EU域内で上市・供給，あるいは域外へ輸出する対象品目について，生産された農地が森林破壊によって開発されたものではないこと（森林破壊フリー）を確認するデューデリジェンスを求めたものです。森林破壊防止の意義としては，生物多様性の保全のみならず，気候変動対策についても言及されています。大企業は2024年12月30日から，中小企業は2025年６月30日から本規則が適用されることになります。

■多岐に渡る対象品目についてサプライチェーンのトレーサビリティが必要に

対象品目はパーム油，牛，木材，コーヒー，カカオ，ゴム，大豆です。これら品目を含むか，給餌・使用した製品も，関連製品として規制の対象です。例えば，チョコレートや家具，皮革，パーソナルケア製品が挙げられます。

事業者は，これらの幅広い製品について，生産された農地まで遡って確認を行い，デューデリジェンス宣言書を解明国の管轄機関に事前提出することが求められます。生産地の地理座標情報（緯度・経度）や，生産者の名称・住所・

メールアドレス等についても情報提出が必要であり，サプライチェーンの厳格なトレーサビリティが要求されています。また，求められるデューデリジェンスの範囲は，労働者保護や第三者の権利保護，国際法で規定される先住民の権利など，人権分野を含む生産国の関連法令の遵守にも及んでいます。

■国別のリスク評価も予定

各国・地域が森林減少フリーではない対象品目を生産するリスクの評価も進められており，2024年12月30日までに「高・標準・低」の３段階に区分する予定です。低リスク以外の国で生産された対象品目のEUへの輸出においては，事業者にリスク評価措置やリスク軽減措置の実施が追加で求められることになります。

《図表》デューデリジェンスが義務となる対象

対象品目		
パーム油	コーヒー	ゴム
牛	カカオ	大豆
木材		

＋

関連製品
「対象品目」を給餌・使用などした製品

（出所）各種公開情報よりNRI作成

1　インフレ抑制法の中での環境政策

産業発展・国内雇用創出の施策の一環として，生物多様性に関する政策を活用

■米国における生物多様性政策の安全保障への活用

生物多様性に関する制度や規制を，米国は自国の経済安全保障と国内産業の活性化に活用しています。重要政策として実施を現在進めている「Investing America」における主要な法律である「インフレ抑制法・超党派インフラ法」の中で，生物多様性に関わる国内技術革新や，雇用創出の促進を目的としたファンド組成・イニシアチブ組成，プログラム実施などにより，自国の産業発展の一助としています。

■Justice 40イニシアチブによる技術開発等への投資

「Justice 40イニシアチブ」は，インフレ抑制法・超党派インフラ法の中で施行されている過去最大の環境正義に向けた国家的なコミットメントを促進するための投資政策です。本イニシアチブを通し，連邦政府は特定の連邦投資から得られる利益の40％を，不利な立場にある地域社会に還元することを目標としました。投資対象にはクリーン・ウォーター，廃水インフラの開発など自然資本の持続的な利用に関わる技術も含まれており，これらの対象プログラムに対する助成金や資金提供，人件費，あるいは個人への直接支出などさまざまな形態での投資を行うものとしています。

■環境正義協働課題解決（EJCPS）協働協定プログラム

環境保護庁（EPA）が設立した「環境正義協働課題解決（EJCPS）協力協定プログラム」は，地域の環境問題や公衆衛生問題に取り組む適格団体に資金を提供するものです。このプログラムでは，米国の地域レベルで環境問題や公衆衛生問題の解決策を開発するために，地域ステークホルダーとパートナーシップを構築することを支援しており，本プログラムに選定された申請者に合計3,000万ドルを直接助成することで，地域社会，産業界，学術機関らと協働的に地域の環境問題・公衆衛生問題に取り組むことを後押ししています。

■持続可能な製品・サービスの調達ルール

Investing Americaにおける投資アジェンダの一部である本ルールは，持続可能な購買基準を設け，消費者に対して米国製の持続可能な製品の優先購買を促進するためのものです。有害な有機フッ素化合物（PFAS）を永久的に回避し，環境と健康に配慮した購買決定方針を奨励するために，EPAの定めるエコラベル勧告をさまざまな製品カテゴリーに拡大することを目的としています。また，本ルールは自国製品の消費拡大に伴い，国内の製造業の中での雇用を創出・拡大することも目的としています。

このように，米国では企業・地域コミュニティ・消費者など，多面的なプレーヤーに対して資金提供や規制を設けた行動変容を促しています。自国の環境配慮型の産業への移行・技術開発を促し，自国産業の発展に寄与することで，安全保障の強化に戦略的に取り組んでいます。

《図表》Investing in America アジェンダの方針マップ（※一部方針抜粋）

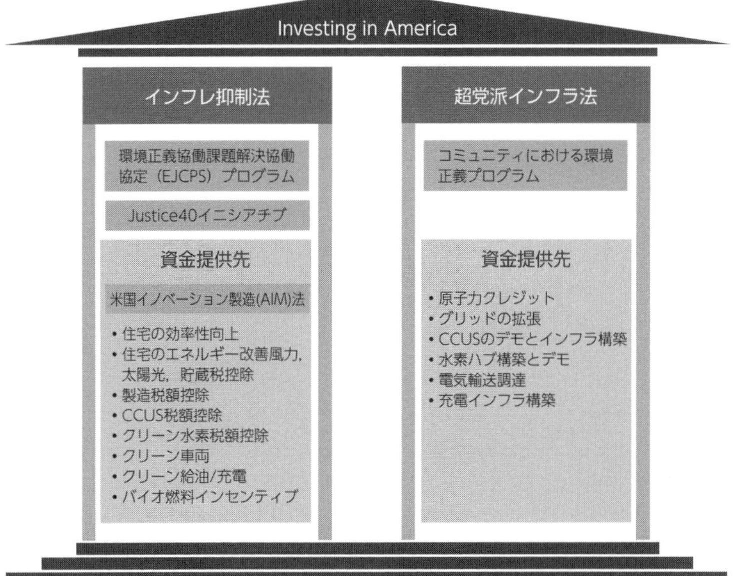

（出所）各種公開情報よりNRI作成

1　TNFDの開示要件を国内開示スタンダード（制度）に反映

従来の連邦環境保護・生物多様性保全（EPBC）法改正に向けた方向性を定めた政策文書「ネイチャーポジティブ計画」を発表して，環境法の大転換を予定

■生物多様性に関する大規模な法改正

豪州では，1999年より施行されている連邦環境保護・生物多様性保全（EPBC）法が，現在の環境悪化の状況を考慮した際には今後の自然回復促進・保護に不十分であるとして，法律の改正を進めています。法改正にあたり，新たに独立した環境保護庁を設置し，「ネイチャーポジティブ計画」と称した豪州における環境法の改革を進めていく方針です。改革案の中には，国家環境基準（NES）の導入，自然修復への民間投資を促進するための世界初の自然修復市場の創設など，複数の重要計画が盛り込まれています。

■環境政策の試金石としてのNESの導入

豪州政府は，環境政策の改革に伴い，法的強制力のあるNESを確立することを予定しています。NESは今後の効果的な環境政策の試金石となるものであるとしており，基準の制定によって行動，決定，計画，政策など，あらゆる規模における活動が，環境法の成果にどのように貢献するかを規定することを目的としています。現在，最終報告書が作成され，NES一式の案が挙げられています。主な内容として，国家環境上の重要事項，先住民の関与と意思決定への参加，法令遵守と施行，環境モニタリングと成果の評価，オフセットを含む環境修復をカバーする４つの基準案などが示されています。

■自然修復市場の創設

豪州の生物多様性市場は1,370億ドル規模と推定されており，その半分以上が生物多様性保全，自然資本をテーマとした債券，ローン，負債，株式によって牽引されると予測されています。政府は，この潜在的な投資を掘り起こすことが，豪州の生物多様性の長期的な減少を回復するために不可欠であると見込

んでいます。さらに，生物多様性市場は，2030年までに国内の陸域と海域の30％を保護するという政府の公約の実現支援にもつながります。

ネイチャーポジティブ計画のうちの１つである，ネイチャー・リペア・マーケット法案（Nature Repair Market Bill 2023）は，生物多様性保全の成果を向上させる自主的な国内市場の枠組みを提供することを目指す法案です。この法案により，土地所有者やその他の資格のある者は，自然を保護，管理，修復するプロジェクトに対して証明書を発行することが可能となります。証明書の保有者は，その証明書を買い手に売却することができ，プロジェクトの提案者は収入を得ることができます。証書の買い手は，ESGや持続可能性イニシアチブの一環として自然管理を進める企業や組織，プロジェクトの生物多様性への影響を最小限とすることが求められるプロジェクト開発者などが該当すると考えられます。

本市場の運営方法については，法案が可決された後に検討・設計されることになっており，現在，2024年後半からの制度運用開始を目指し，協議が進められています。

《図表》ネイチャーポジティブ計画における主要取り組み

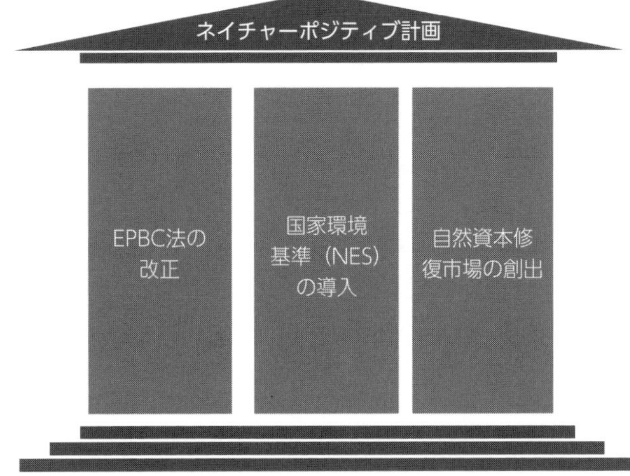

（出所）Nature Positive Plan: better for the environment, better for businessよりNRI作成

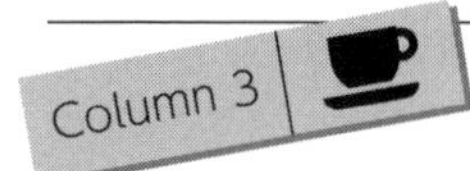

国内の各省庁の政策

GBF合意を受けて，2023年は国内各省庁の戦略・計画に生物多様性の観点が盛り込まれている

■GBFを踏まえた生物多様性国家戦略の改定

2022年12月のCBD-COP15では，採択されたGBFと整合させる形で，自国の生物多様性戦略をCBD-COP16までに改定・更新することが締約国に求められました。日本は以前から見直しの検討を進めており，2023年３月には「生物多様性国家戦略2023-2030」を閣議決定するに至りました。

ネイチャーポジティブ実現に向けた社会の根本的変革を強調した本戦略では，GBFを踏襲する形で目標等が設定されています。GBFとの差分の例としては，基本戦略４「生活・消費活動における生物多様性の価値の認識と行動（一人一人の行動変容）」が挙げられます。これはGBFでは述べられていませんが，ネイチャーポジティブ実現のための５つの戦略の１つとして，本戦略が掲げるものです。消費者の行動変容を促すような仕掛け，あるいは訴求のあり方について検討することが重要と考えられます。

■環境省はネイチャーポジティブ型経済・事業への移行に向けて検討

各省庁から，ネイチャーポジティブ実現に向けた施策や戦略に関する検討，あるいは公表が進んでいます。環境省は「ネイチャーポジティブ経済移行戦略」の公表にあたり，経済効果の試算や，移行に向けた課題整理を「ネイチャーポジティブ経済研究会」にて進めてきました。

2021年のG７サミットでは，「30by30」が合意されました。これは，2030年までに陸と海の30％以上を健全な生態系として効果的に保全しようとする目標です。30by30達成に向けては，ロードマップの作成や，データベースの構築，OECM認定による民間企業へのインセンティブの検討などが進んでいます。これ以外にも，ネイチャーポジティブ達成に貢献する民間企業の取り組み事例や方策をまとめた「生物多様性民間参画ガイドライン第３版」を2023年４月に公表するなど，環境省の取り組みは多岐にわたります。

■農林水産省は第一次産業における目標設定や施策を打ち出し

食料および農林水産業の生産力向上と持続性の両立を目的とした「みどりの食料システム戦略」が，2021年５月に農林水産省から公表されました。前述したEUのFarm to Fork戦略などの国際動向を元に，化学農薬の使用量50%削減や，化学肥料の使用量30%削減などが目標として掲げられています。

生物多様性国家戦略2023-2030と同じく2023年３月には，農林水産分野に特化した「農林水産省生物多様性戦略」を公表しました。生物多様性保全に資する第一次産業への転換や，そのための技術開発，遺伝資源の保全と持続可能な利用などが施策の方向性として示されています。

■他省庁も生物多様性の観点を戦略・計画等に取り込み

国土交通省は2023年７月の「第６次国土利用計画」において，ネイチャーポジティブに関する国際動向や国内自然環境の悪化を踏まえ，基本方針策定の目的として「持続可能で自然と共生した国土利用・管理の実現」を掲げました。基本方針③では「健全な生態系の確保によりつながる国土利用・管理」を謳うなど，生物多様性保全を観点として国土利用計画の検討を行っています。

経済産業省は，2023年５月の「バイオ政策の進展と今後の課題において」の中で，バイオテクノロジーを取り巻く環境変化の要素としてGBFと生物多様性国家戦略2023-2030を挙げました。TNFD対応の必要性にも触れており，生物多様性保全に寄与する形でのバイオエコノミー社会の実現を目指しています。

《図表》ネイチャーポジティブに関連する主な戦略・計画等

生物多様性国家戦略2023-2030（2023年３月）					
環境省		農林水産省		経済産業省	国土交通省
生物多様性民間参画ガイドライン第３版（2023年４月）	ネイチャーポジティブ経済移行戦略（仮称）（2023年度中）	農林水産省生物多様性戦略（2023年３月）	みどりの食料システム戦略（2021年５月）	バイオ政策の進展と今後の課題について（2023年５月）	第六次国土利用計画（2023年７月）

（出所）各種公開情報よりNRI作成

自治体の取り組み

自治体が触媒となり，生物多様性の取り組みを促進・効果を最大化する

■ネイチャーポジティブに向け，地方公共団体ならではの役割が期待される

「生物多様性国家戦略2023-2030」においては，あらゆる主体が参加，連携，協力，協働，行動することが必要であると示されています。企業と地方公共団体では期待される役割が異なっており，特に地方公共団体については地域の自然的社会条件に応じたきめ細かな取り組みの推進，市町村は地域住民に身近な生物多様性に関する活動（教育等）の推進，都道府県は市町村を超えた広域での連携・支援などが期待されています。こうしたなか，企業にはできない役割に取り組む市町村が現れはじめています。

■国の制度を補強した地方経済の活性化に向けた制度を導入

例えば，三重県亀山市は自然共生サイト（民間の取り組み等によって生物多様性の保全が図られている区域）の認証制度として，環境省の「30by30」を補強する形で，独自の認証制度を設けています。亀山市は企業に限らず，身近な地域の生物多様性保全に取り組む活動を評価し，支援することが重要と考え，市民・市民団体・農林業者・地元企業等によって生物多様性が保全されている区域を認定する制度「かめやま生物多様性共生区域認定制度」を2023年７月から運用しています。対象地域は，田んぼや畑などの緑地，工場や事業所の中の緑地，神社やお寺の境内，市民活動団体の活動地などが含まれます。

本制度により，生物多様性が保全されている場所の可視化，保全の度合いを認定区域の面積から定量的に確認できます。さらに，認定区域内で生産された製品について，認定マークを使用することを認め，市として「生物多様性に配慮した産品」として推奨していくことで，環境ブランドとしてアピールできるという参加者側のメリット創出や，地域の経済活動の活性化につなげています。

■自治体が参加することによるステークホルダーの巻き込み

鎌倉市の「リサイクリエーション」事業では，地域住民や企業，自治体が協働して，洗剤等の使用済つめかえパックを回収して再資源化する取り組みを進めています。

自治体は，地域住民を巻き込みやすい，地域の実情を把握した取り組みができる点が企業とは大きく異なります。ネイチャーポジティブについても，その取り組みを推進するための触媒として，他団体の巻き込み，連携がさらに重要になってくるでしょう。

《図表》自治体が主導したステークホルダーの連携・巻き込みのイメージ

直接やり取りすると参加要請が弱く，小規模になりがちなところ，自治体がつなぐことで，継続したリターンの大きい取り組みに昇華

自治体が触媒となることによる取り組み効果の最大化

（出所）各種公開情報よりNRI作成

第4章

金融セクターの動向

ネイチャーポジティブの実現に向けて，金融セクターが担う役割が大きいことが指摘されています。GBFにおいても，金融セクターに対する生物多様性に関連のリスク等に関する評価・開示が求められています。

金融セクターでは，生物多様性に関する対応や取り組みを企業評価の観点として組み込むための検討が以前より行われてきました。企業に対する情報開示の要求が高まっていることに加えて，情報開示のフレームワークについても整備が進んでいます。生物多様性観点での金融セクターからの評価やエンゲージメントは今後ますます活発化すると考えられます。

本章では，こうした情報開示のフレームワークの概要や，国内外の金融セクターの動向について整理します。また，NRIが投資家および投資家へのサービス提供者等に対して行ったインタビューの内容を，章末のコラムにて対談形式で掲載しています。

1　全体像

増加傾向にあるESG投資の中で，近年自然資本への投資や自然資本に関する企業の取り組みの投資評価への活用も拡大

■ESG投資に関する議論の変遷

ESG投資は，2006年に国連が提唱した「責任投資原則（PRI）」を皮切りに，世界的に本格的な普及が始まりました。この投資原則では，投資家の意思決定に際し，ESGの観点を考慮すべきであることが明記され，６つの投資原則が示されました。PRIへの署名機関は年々増加しており，2022年時点で5,319の署名と121兆米ドルの総資産運用残高が確認されています。

日本においては年金積立金管理運用独立法人（GPIF）が2015年に署名をしたことにより，それ以降急速にESG投資の導入が進み，企業のESG情報開示対応が求められるようになりました。ESG投資はPRIによる国際的な原則の導入以降，大幅に増加してきており，その勢いの低下のきっかけになると懸念された新型コロナウイルス感染症やウクライナ情勢の緊迫化後も，世界的な投資額は堅調に推移しています。

■近年の自然資本に関する投資トレンド

ESG投資の中での自然資本に関する議論は，気候変動と並行して行われてきました。近年のGBF合意やTNFD公表により，その議論は急速に広がっており，気候変動に次ぐ新たな投資テーマとして投資家の注目を集めています。また，2015年に国連の持続可能な開発目標（SDGs）において，水の利用や生態系・森林に関する目標が掲げられて以降，欧州を中心に各所で規制対応が広がってきたことも自然資本への投資が広がるきっかけとなっています。

欧州では2023年６月に，森林破壊防止デューデリジェンス規則が発効され，製品が生産された農地までさかのぼるサプライチェーンの追跡と報告が必要となったほか，2024年には企業持続可能性デューデリジェンス指令案の施行も控えています。こうした国際機関での議論や国家の規制による情報開示の義務化に伴い，財務的なリスクを回避する目的から，自然資本をESG評価に組み入れて投資基準として活用する動きが高まっている側面があるといえます。

具体的な各プレーヤーの取り組みとして，投資家向けイニシアチブでは，自

然資本の評価組み入れを促すエンゲージメントガイドラインやレポートの発行が進んでいるほか，企業向けに自然資本に関わる情報の開示を促すガイドラインもTNFDや，SBTNなどをはじめとしたさまざまなイニシアチブなどから発行されています。また，金融機関においても自社のポートフォリオの健全性を，投資先企業の自然資本の利用状況や対応施策の策定状況から判断する動きが高まっており，自然資本を定量的に評価することができるデータの活用なども進んでいます。

本章では，自然資本投資に関わる国際イニシアチブや，グローバルおよび日本の主要な投資家・金融機関における自然資本の扱いや考え方を紹介し，金融・投資の世界における自然資本活用の重要性の高まりを示します。

《図表》世界のESG投資額推移（2018年～2022年上期）

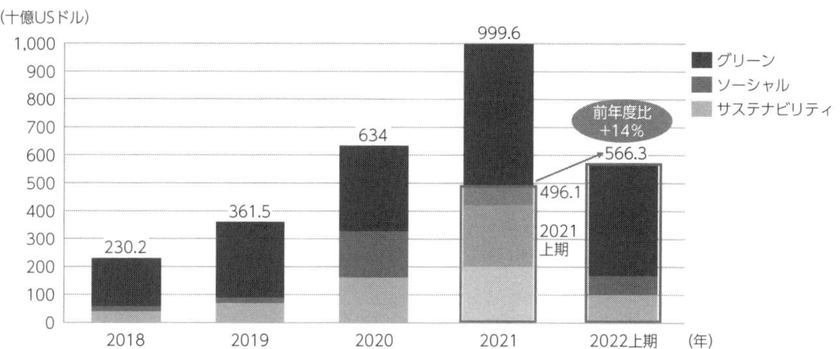

（出所）各種公開情報よりNRI作成

1　TNFD

TNFDが自然資本に関する情報開示フレームワークを公表

■TNFD v1.0の公表

TNFDは2021年に設立された国際的なイニシアチブです。企業や金融機関が自然資本への依存や影響，リスク・機会，それらに対する取り組みを開示するための枠組みを検討しています。

TNFDは2022年から枠組みのドラフト版を公表し，意見を募りながら作成を進め，2023年９月にv1.0を公表しました。これを受け，TNFDフレームワークに沿った開示を行う企業が多く出てくると考えられます。2024年度または2025年度から開示を始める早期賛同者（early adopter）として，2024年１月時点で日本企業80社を含む320社が登録しています。

■求められる開示

TNFDの開示事項は，TCFDの枠組みを参照しています。「ガバナンス」「戦略」「リスク・インパクト管理」「指標と目標」の４つの柱があり，各柱に３～４個，合計14個の開示事項があります。

TCFDと比較した特徴として，TNFDでは自然に対する依存・影響や地域の観点が重要になります。14の開示項目全般に適用される６つの一般要件が定められていますが，その中では「自然に関する依存・影響，リスク・機会が評価されたバリューチェーン全体の活動や資産」が開示対象であること，「バリューチェーンを通じた自然との接点の位置を把握すること」が定められています。14の開示項目の中で，「戦略」のＡやＢ，「リスク・インパクト管理」のＡでは，リスク・機会に加えて依存・影響に関する観点が含まれているほか，「戦略」のＤでは，バリューチェーンにおける「優先地域」について報告を求めています。

■開示における気候変動との関係

TNFDの一般要件では，既存のサステナビリティ関連の情報開示と統合すべきとしています。特に気候関連と自然関連開示の統合は重要とされており，第１章でも述べた整合性やトレードオフの関係性の考慮等も含め，既存の気候関連開示情報を自然関連の開示にも結びつけるべきとされています。

■LEAPアプローチとデータ制約

このような事項を把握するための手法として，LEAPと呼ばれるアプローチを提唱しています。これは「Locate（発見）」「Evaluate（診断）」「Assess（評価）」「Prepare（準備）」の頭文字を取ったものです。事業と自然の接点を発見し，どのように依存・影響しているかを診断したうえで，自社の事業におけるリスク・機会を評価し，戦略への反映など対応の準備につなげていくというものです。LEAPの詳細は本書では述べませんが，企業はまずこのLEAPにそって分析することが望ましいと考えられます。

ただし，分析のためのデータ，特にバリューチェーンに関するデータは入手が難しい場合も多く，LEAP分析を網羅的に実施できる企業は少ないかもしれません。TNFDのタスクフォースはそうした状況に理解を示しつつ，分析や開示の対象・理由，今後の開示計画等の説明を推奨しており，対応が可能な部分から始めていくことが重要と考えられます。

《図表》TNFDの一般要件と特徴的な開示項目

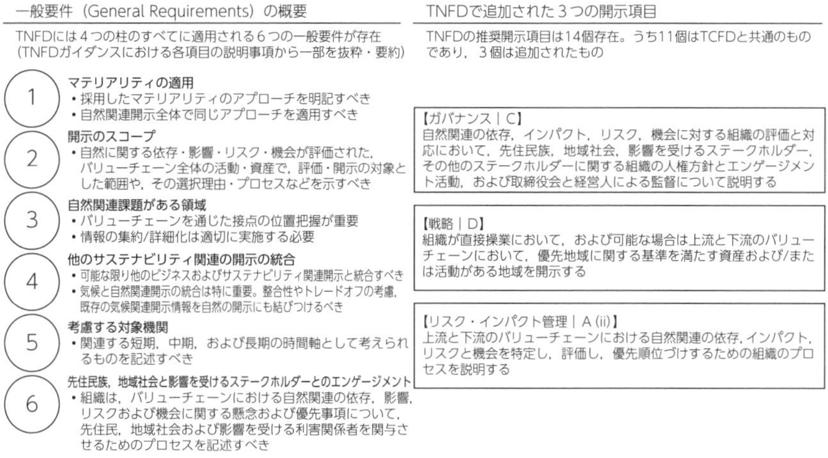

一般要件（General Requirements）の概要

TNFDには4つの柱のすべてに適用される6つの一般要件が存在
(TNFDガイダンスにおける各項目の説明事項から一部を抜粋・要約)

1. マテリアリティの適用
   - 採用したマテリアリティのアプローチを明記すべき
   - 自然関連開示全体で同じアプローチを適用すべき
2. 開示のスコープ
   - 自然に関する依存・影響・リスク・機会が評価された，バリューチェーン全体の活動・資産で，評価・開示の対象とした範囲や，その選択理由・プロセスなどを示すべき
3. 自然関連課題がある領域
   - バリューチェーンを通じた接点の位置把握が重要
   - 情報の集約/詳細化は適切に実施する必要
4. 他のサステナビリティ関連の開示の統合
   - 可能な限り他のビジネスおよびサステナビリティ関連開示と統合すべき
   - 気候と自然関連開示の統合は特に重要。整合性やトレードオフの考慮，既存の気候関連開示情報を自然の開示にも結びつけるべき
5. 考慮する対象機関
   - 関連する短期，中期，および長期の時間軸として考えられるものを記述すべき
6. 先住民族，地域社会と影響を受けるステークホルダーとのエンゲージメント
   - 組織は，バリューチェーンにおける自然関連の依存，影響，リスクおよび機会に関する懸念および優先事項について，先住民，地域社会および影響を受ける利害関係者を関与させるためのプロセスを記述すべき

TNFDで追加された3つの開示項目

TNFDの推奨開示項目は14個存在。うち11個はTCFDと共通のものであり，3個は追加されたもの

【ガバナンス｜C】
自然関連の依存，インパクト，リスク，機会に対する組織の評価と対応において，先住民族，地域社会，影響を受けるステークホルダー，その他のステークホルダーに関する組織の人権方針とエンゲージメント活動，および取締役会と経営人による監督について説明する

【戦略｜D】
組織が直接操業において，および可能な場合は上流と下流のバリューチェーンにおいて，優先地域に関する基準を満たす資産および/または活動がある地域を開示する

【リスク・インパクト管理｜A(ii)】
上流と下流のバリューチェーンにおける自然関連の依存，インパクト，リスクと機会を特定し，評価し，優先順位づけするための組織のプロセスを説明する

（出所）TNFD v1.0よりNRI作成

2　SBTN

開示要素の１つである科学的根拠のある目標設定について，認証の枠組みとしてSBTNが策定中

■SBTN（Science Based Targets Network）とは

SBTNは都市や企業のための地球環境システムを通じた統合的な目標開発などを目的として設立されたイニシアチブです。気候変動における目標設定イニシアチブであるSBTi（Science Based Target Initiative）のモメンタムに基づき取り組みをしており，SBTiの自然資本版ともいえる存在です。2020年にInitial Guidanceを発行したのち，それをもとに目標設定の技術的な手法などをまとめたガイダンスを作成し，2023年５月に公開しました。

■SBTNとTNFD

SBTNとTNFDは，前者が目標設定開示，後者が開示を目的とするフレームワークとして，概念やデータ要件などを共通化するなど，緊密に連携してきました。

TNFDでは目標の設定・開示が求められていますが，そのうち自然関連の影響を管理するための目標を設定する際には，SBTNのガイダンスを参照することを推奨しています。

SBTNの目標フレームワークは，「１：Assess」「２：Interpret & Prioritize」「３：Measure, Set & Disclose」「４：Act」「５：Track」の５段階からなります。特に３段階目までが目標の設定，４段階目以降はその実行や進捗確認になり，本項の執筆時点で３段階目までのガイダンスが公開されています。

５段階のアプローチはTNFDにおけるLEAPと対応しており，1，２段階目がLEAにあたります。１段階目の「Assess」では，SBTNが提供するツールなどを用い，どのような要素が自社にとってマテリアルであり，目標設定を考慮しなければいけないか評価します。２段階目の「Interpret & Prioritize」では，そこからさらに評価を詳細化して，優先順位づけを行います。

３段階目の「Measure, Set & Disclose」はLEAPのＰにあたり，２段階目までの結果を踏まえ，優先度が高い拠点・事業等について，具体的な目標設定を行います。1，２段階目まではすべての分野・項目等で共通のガイダンスです

が，３段階目からは項目別のガイダンスです。本項の執筆時点では「淡水利用」「土地」「気候変動（SBTiと統合）」の３種類が利用可能で，それ以外の「生物多様性」「海洋」は開発中です。

SBTNはその名のとおり「科学的根拠に基づく目標（Science-based targets：SBT）」を設定するメソッドを提供しています。このSBTは，「測定でき，実行可能で期限のある目的であり，最良の利用可能な科学的根拠に基づくもので，実施者が地球の限界や社会的なサステナビリティのゴールに整合することを可能にする」ものと定義されています。

TNFDでは目標について，GBF等やパリ協定，SDGs，プラネタリー・バウンダリーなどにどのように整合するかを説明するように求めていますが，SBTNのガイダンスを用いて科学的根拠に基づく目標を設定することが対応策になると考えられます。

《図表》目標設定におけるSBTNとTNFDの関係性について

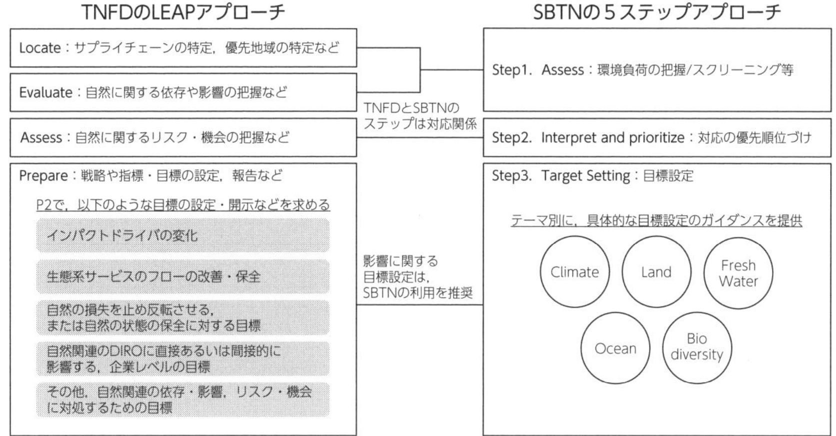

（出所）TNFD v1.0よりNRI作成

3　ISSB，CDP，GRI

ISSB等の国際的な情報開示の枠組みでも，生物多様性に関する動きが存在

■TNFDやSBTN以外でも生物多様性に関連した開示を要求

自然資本に関する情報開示動向として，TNFDについては前項までに述べました。それ以外のさまざまな枠組みにおいても，自然資本や生物多様性に関連した開示が求められるようになりつつあります。本項では，ISSB（国際サステナビリティ基準審議会），GRI（Global Reporting Initiative），CDP，および地域・国単位での動きについて概要を説明します。

■ISSB

サステナビリティ情報開示の国際的なスタンダードを策定するため，国際的な会計基準IFRSを定めるIFRS財団のもとに2021年に設立されました。2023年の６月に，サステナビリティ全般にかかる開示基準案である「S１」と，気候変動に関する開示基準案の「S２」が策定されています。ISSBでは気候変動の次のテーマを議論していますが，候補に「生物多様性」も含まれています。

■GRI

1997年設立のイニシアチブで，2016年に「GRIスタンダード」を策定しました。報告主体が経済，環境，社会に与えるインパクトを報告するフレームワークであり，「項目別スタンダード」として，環境や社会などの各項目について開示基準を定めています。項目別スタンダードのうち，生物多様性に関する「GRI304 Biodiversity 2016」の改訂版が2024年１月に発表されており，上流を含め生物多様性にインパクトを与える拠点の情報や，GHG排出量を含めた自然への負荷などが開示項目になっています。

■CDP

情報開示関連のイニシアチブであるCDPは，2000年に「Carbon Disclosure Project」として設立され，2013年にCDPに改名しました。企業に対して質問状を毎年送付し，その回答内容を整理しています。以前は気候に関するインパ

クト開示を求めていましたが，徐々にスコープを拡大し，現在では森林破壊・水セキュリティを追加しています。2021年の５か年計画では土地利用や生物多様性等を含むプラネタリー・バウンダリーをカバーすることを掲げており，2022年には気候変動の中に生物多様性に関する項目が追加されました。

■地域・国単位での動向

2022年12月のCBD-COP15では，民間のイニシアチブや欧州などがGBFの中で自然資本に関する報告を義務化するように求めましたが，義務化には至りませんでした。しかし，地域・各国レベルではそれに向けた動きがあります。例えばEUでは第３章で説明したCSRDやSFDRの中に生物多様性関連の項目が含まれているほか，EUタクソノミーでは６つの環境目的に生物多様性関連のものが含まれています。豪州でも自然資本への対応が議論されており，すぐにすべての国で義務化されるわけではないにせよ，遠くない将来に対応が必要になる可能性はあると考えられます。

《図表》各種開示イニシアチブの主な動向

機関/枠組み等	概要
TNFD	2021年に設立。2023年にTNFD Ver1.0を発行し，自然資本に関する依存・影響やリスク・機会を分析・報告するフレームワークを提供
SBTN	2021年に設立。科学的根拠に基づく目標設定のフレームワークを開発中 一部ガイダンスは23年５月に発行済み
ISSB	2021年に設立。サステナビリティ情報開示の国際的なスタンダードを策定中 2023年６月，次の２年間のアジェンダの候補に生物多様性を含める
GRI	2016年，非財務情報を含めた開示のスタンダード，GRIスタンダードを発行 改訂版が2024年１月に発表されており，2026年より適用される予定
CSRD・ESRS, SFDR タクソノミー (欧州委員会)	非財務情報開示について，以下を策定。いずれも自然資本を含む SFDR　　　　　：金融機関向けの開示事項 CSRD　　　　　：企業向けの開示事項 EUタクソノミー：何がサステナブルか規定
CDP	気候変動に関する取り組み状況について，企業や都市等に質問状を送付。今後の長期計画で，プラネタリー・バウンダリーの範囲に対象テーマを拡大していくとしている

（出所）各種公開情報よりNRI作成

1　野村アセットマネジメント

重要性が高いESG課題として設定している自然資本についてエンゲージメントを行うため，生物多様性調査研究を積極的に支援

■特に重要性の高いESG課題として「自然資本」を特定

野村アセットマネジメントは，多くの企業に共通する特に重要性が高いESG課題として，気候変動や人権に加え，自然資本を特定しています。自然資本を特定している理由として，人間の活動によってもたらされる海洋・河川・大気・土壌等の汚染・森林破壊といった自然資本の劣化が深刻な問題になっており，自然資本および生物多様性に負の影響を与え得る企業が適切なリスク管理に取り組むこと，企業が自然資本および生物多様性の保全という社会課題の解決においてビジネス機会を追求することが必要であると考えています。

食料品業界の企業に対して，生物多様性に関するリスクと対応策の開示を求める等，すでに投資先企業とのエンゲージメントを開始しています（野村アセットマネジメントHPより）。

■エビデンスベースでのエンゲージメントを行うため，生物音響技術を使用した生物多様性調査研究を支援

自然資本について投融資先とのエンゲージメントをエビデンスベースにて実施するため，野村アセットマネジメントでは，既存のツールを用いて計測するのではなく，衛星データを用いた計測等さまざまな手法の開発に携わっています。その中でも，特徴的な取り組みとして挙げられるのが，パートナーであるカルダノおよびフィデリティ・インターナショナルとともに，自然保全のためのソリューションプロバイダーであるGreen PRAXISを後援し，生物音響研究を実施していることです。この研究は，生物音響技術を使用して，パーム油植林地内の生物多様性レベルを測定したものであり，リアルタイムで把握できるデータへのアクセスが可能となり，生物多様性保全の目標に向けた進捗状況を測定する信頼性の高いツールを構築するための第一歩となりました。

実際の実験では，一定期間に渡って森林の複数個所に機械を設置し，その音声についてAIを使って解析し，特定の動物種のグループの存在と生物種の量

を確認しています。例えば，単一栽培の地域と保護区では，明らかに保護区のほうが生物種の量が多い結果が得られています（野村アセットマネジメントHPより）。

一般的に生物音響技術とは，通常人間が聞くことのできない生物が発する周波音を音響センサーで拾い，生物種の特定や生物種の量を測定する技術です。従来，生物種の特定や量の測定は，専門家が目検で確認していたことがほとんどであり，効率性・データの信頼度が課題とされてきました。この手法が確立されれば，データの信頼性が増し，コスト効果も高くなるため，生物多様性に関する社会課題に企業が積極的に取り組むきっかけとなると考えられます。

本事例は，まだ技術開発が進んでいない分野だからこそ，自然資本についてエビデンスベースでのエンゲージメントを行うために，積極的に自らが技術開発を支援している好事例であると筆者は捉えています。

《図表》一般的な生物音響技術の仕組み

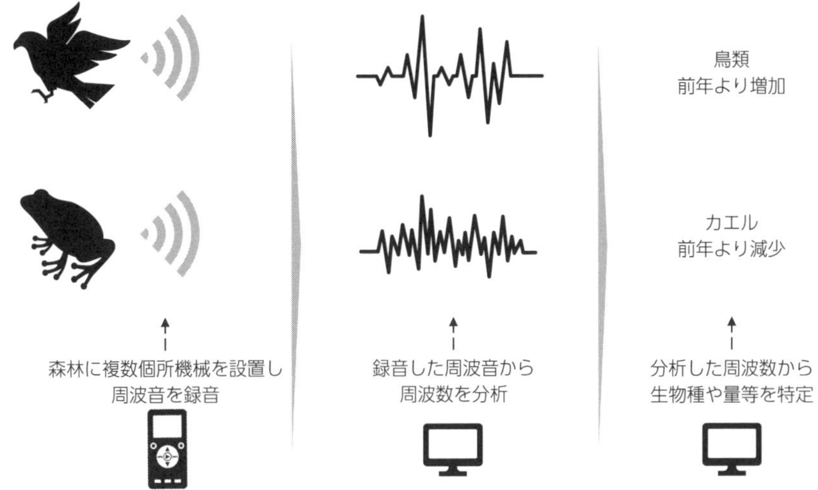

（出所）NRI作成

2　アセットマネジメントOne

TNFDに沿った分析・開示を行い，リスクだけでなく事業機会を積極的に評価

■極めて早い段階からTNFD分析ならびに開示を実施

アセットマネジメントOneは，投資活動が自然資本・生物多様性に影響を及ぼすとの認識から，TNFDのフレームワークを用いて主要資産である国内株式について分析しています。LEAPアプローチの分析手法に基づき，国内株式資産の自然資本への依存と負の影響を評価した結果，国内株式資産の約90%が少なくとも1つ以上の影響要因によって，自然資本に対して強い影響を及ぼしている可能性がある旨を公表しています。

自然資本の毀損度合いは地域によって異なるため，依存と影響の分析結果から，国内株式資産の依存度が高いと判明した「水資源」と「生息地」については，ロケーションを考慮した追加の分析を実施しています。「水資源」においては，売上高当たり水強度の大きいセクターの主要5社が保有する国外工場のうち，11%がインドや米国西海岸など水ストレスの高い地域に存在することを特定しています。今後は，気候変動と自然資本・生物多様性の関連性を意識し，投資先企業の諸課題や事業機会の解像度を上げた上で，自社のマテリアリティと結びつけ，投資活動に統合していくことを宣言しています（アセットマネジメントOne HPより）。

■自然資本と社会経済が持続可能なシステムに移行するための事業機会を積極的に評価

アセットマネジメントOneでは，自然資本に関連するリスク抑制を投資先に促すだけでなく，自然資本と社会経済がともに持続可能なシステムに移行するための事業機会を積極的に評価することが投資先の企業価値向上を可能とし，ネイチャーポジティブ実現に向けた新たなエコシステムへ資金の流れをつくることにつながると考えています。そのため，生態系サービスへの依存と自然資本への負の影響の評価を踏まえ，国内株式資産が依存する自然資本に関して事業機会の分析を実施しています。

分析の結果，社会システム移行のうち「高循環・省資源型生産モデル」や

「生産的・再生農法」「地球環境と共存できる消費行動」などが，国内株式資産が依存する自然資本に大きく関連するとの示唆を出しているほか，国内株式資産の60％超がネイチャーポジティブの実現を可能にする技術と関連する事業セクターであることが判明したことを公表しています（アセットマネジメントOne HPより）。

■自然資本に関するエンゲージメントも積極的に実施

TNFDの分析に早期に取り組むと同時に，生物多様性をテーマに企業とのエンゲージメントも積極的に進めています。例えば，海洋水産資源の水産加工メーカーに対しては，MCSやASCなど水産物の認証取得を強化しているものの，取り組みの進捗が見えづらいため，水産物取扱量の把握と認証品のKPI設定について対話を実施しています。また，飲料メーカーに対しては，水資源に対するKPI設定や水資源管理について対話し，水使用量原単位の削減目標の設定やサプライチェーン上の水リスクの把握と低減を表明するように促しています（アセットマネジメントOne HPより）。

本事例は，TNFD分析においてリスクだけでなく事業機会の分析を行いながら，エンゲージメントも積極的に実施している好事例といえるのではないかと筆者は捉えています。

《図表》LEAPアプローチに沿った分析結果

L：自然との発見	E：依存関係と影響	A：重要なリスクと機会	P：対応し報告する
●インドネシアのパームオイル栽培，ブラジルの大豆栽培が大きな森林伐採リスクとなる可能性があり，日本企業も数社が関連 ●水ストレスが高い主要5社の国内工場の11%が水ストレスの高い地域に存在	●国内株式資産の約40%が少なくとも1つ以上の生態系サービスに強く依存している可能性 ●国内株式資産の約90%が，少なくとも1つ以上の影響要因によって，自然資本に対して強い影響を及ぼしている可能性	●国内株式資産の投資先と自然資本の接点は多様であり，広範な移行リスク，物理リスク，システミックリスクにさらされている ●社会システムの移行が大きく関連し，国内株式資産の60％超がネイチャーポジティブの実現を可能にする技術と関連 ●リスクを軽減・管理する既存のアプローチとして，エンゲージメント実施や議決権行使での対応など	●自然資本に関連する諸課題や事業機会の解像度をあげたうえで，マテリアリティと結びつけ，スチュワードシップ活動や投資活動に統合 ●TNFDフレームワークを利用しサステナビリティ・レポートで報告を検討

（出所）アセットマネジメントOne HPよりNRI作成

3　東京海上アセットマネジメント

さまざまな企業や地域と連携し，カーボンクレジットや生物多様性クレジットに関する研究を推進

■カーボンクレジット事業と生物多様性クレジット事業に関して，国内ベンチャー企業と連携して新たな取り組みを展開

東京海上アセットマネジメントは，カーボンクレジット事業および生物多様性クレジット事業の国内ベンチャー企業と新たな取り組みを展開することを宣言しています。連携するのは独自の環境移送技術を持つイノカと，農業由来のカーボンクレジットを開発するフェイガー，さらに高度な推計技術により生物多様性の定量化を進めてきたサステナクラフトです。

東京海上アセットマネジメントは，「資産運用を通じて豊かで快適な社会生活と経済の発展に貢献します。」のもと，ESG/サステナビリティの活動を推進してきましたが，事業会社として投資先と対話して行動を促すだけではなく自社自身も行動するべきという考え方を持っており，積極的に自ら投融資先のESG活動に関与すべきとの判断から，今回の連携につながりました（東京海上アセットマネジメントHPより）。

■地域の自然保全活動団体や小学校・地元企業と連携し，ブルーカーボンや生物多様性クレジットに関する研究を推進

東京海上アセットマネジメントは生物多様性の保全や二酸化炭素の吸収で脱炭素を推進する藻場の再生にむけた研究を開始しています。海洋国家である日本において藻場を育む海藻・海草は，GHG吸収による脱炭素を進めるだけでなく，日本の伝統的な食文化や健康産業において重要な役割を果たし，さらに沿岸漁業の対象となる魚種の40％近い種類が藻場・干潟に依存して生存しているなど生物多様性の観点でもとても重要な存在です。

具体的には，沖縄県石垣市野底エリアにおいて，地域の自然保全活動団体と小学校と協力し，石垣市野底エリアにおけるウミショウブの藻場の再生と研究を進めてきました。さらに，絶滅危惧種である海草ウミショウブを前述したイノカの研究室（陸上）で保護し，最適な生育環境や環境変化に強いウミショウブの研究などを行います。その後，実際の海へと移植し藻場を再生させ，生物

多様性の回復と脱炭素の実現を目指します。

生物多様性評価に関しては，国際的な生物多様性クレジット認証機関の方法論に基づき前述したサステナクラフト社の技術を活用します。この研究を通じ，東京海上アセットマネジメントは，藻場の生物多様性保全やCO_2の吸収量の計測などを実施し，現地のモニタリングをベースにブルーカーボンや生物多様性クレジットの生成を目指しています。また当エリアを自然共生サイトへ登録することでTNFD開示におけるポジティブインパクトの創出も目指します（東京海上アセットマネジメントHPより）。

■サステナブルな取り組みへ発展させ，日本経済成長への貢献を目指す

東京海上アセットマネジメントは，このようなベンチャー企業や地域との連携を通じ，社会的に意義のある活動を経済・金融と結びつけることでよりサステナブルな取り組みへと発展させ，社会課題を解決すると同時に経済成長・企業価値向上の実現を目指しています。加えて，ベンチャー企業との連携や未来世代への教育を通じて日本経済の発展に貢献できると考えています（東京海上アセットマネジメントHPより）。本事例は，資産運用会社の枠を超え，自然資本にとって重要である地域や企業との連携の好事例であると筆者は捉えています。

《図表》社会的に意義のある活動と経済・金融との結びつけイメージ

社会的に意義のある活動を経済・金融と結びつけることでよりサステナブルな取り組みへと発展させ，社会課題を解決すると同時に経済成長・企業価値向上の実現

目指す姿

<地域（課題）>
自然保護団体，学校，自治体，第一次産業従事者

ソリューション提供

<ソリューション企業>
国内ベンチャー企業など

支援

<経済・金融>
事業会社

登録

カーボンクレジット

生物多様性クレジット

自然共生サイト

支援証書＆TNFD開示

トータルコーディネート

東京海上アセットマネジメント

（出所）東京海上アセットマネジメント資料よりNRI作成

4　三井住友信託銀行

自然資本の考え方を取り入れた金融商品・サービスの開発を進め，ポジティブ・インパクト・ファイナンスを実行

■自然資本の考え方を取り入れた金融商品・サービスの開発に取り組む

三井住友信託銀行は，自然資本の考え方を取り入れた金融商品・サービスの一例として，企業の環境に対する取り組みを評価する環境格付の評価プロセスに，自然資本に対する影響ならびに取り組みを評価する考え方を組み込んだ「自然資本評価型環境格付融資」を2013年に開発しました（現在は実施しておりません）。

自然資本評価型環境格付融資とは，独自の計量モデルを活用し，企業の購買データからサプライチェーン上流の自然資本への負荷を網羅的に概算し，その結果を融資条件に反映させるもので，当時，日本の環境白書や欧州委員会の報告書等で先進的な事例として取り上げられました。

■ポジティブ・インパクト・ファイナンスにおいて，「生物多様性と生態系サービス」のインパクトに関する目標・KPIを設定するよう促す

さらに，三井住友信託銀行は，国連環境計画・金融イニシアチブ（UNEP FI）が提唱するポジティブ・インパクト金融原則に基づき，2019年にポジティブ・インパクト・ファイナンスを実行しました。ポジティブ・インパクト・ファイナンスは，企業活動が環境・社会・経済に及ぼすインパクト（ポジティブな影響とネガティブな影響）を包括的に分析・評価し，ネガティブ・インパクトの低減とポジティブ・インパクトの増大についての目標を設定のうえ，その実現に向けた継続的なエンゲージメントを重視したファイナンスの取り組みです。

UNEP FIが開示しているインパクトレーダーに基づき，企業が環境・社会・経済に及ぼすインパクトを包括的に分析・評価しており，環境面のインパクトには，「水域」「土壌」「生物種」「生息地」といった自然資本に関するインパクト項目が含まれています。事業活動において自然資本への影響度が相対的に大きい企業を中心に自然資本に関する目標・KPIを設定しています。

例えば，A社（不動産業）向けの評価では，「国内の森林循環を回復し，多

様な生物が生息できる都市緑化や森林整備を通じた自然環境の保全を促進すること」を目標とし，KPIとして国産木材の建築資材としての活用量，生物多様性認証取得件数を設定しています。また，B社（建設業）向けの評価では，生物多様性への配慮を目的とし，KPIとして生物多様性向上プロジェクト数を設定しています（三井住友信託銀行HPより）。

本事例は，世の中の流れをいち早く読み取り，他社に先駆けて積極的に自然資本関連の事業開発に着手した好事例であると筆者は捉えています。

《図表》ポジティブ・インパクト・ファイナンスのスキーム

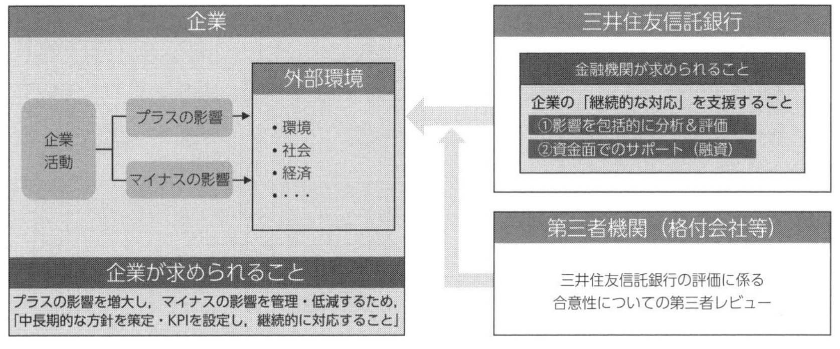

（出所）三井住友信託銀行HPよりNRI作成

5　MS&ADホールディングス

他企業との共創やアライアンス立ち上げを通じ，自然資本に関するソリューションやファイナンスを積極的に開発

■自然資本の可視化・分析ツールやソリューションの共同開発を目指す

MS&ADホールディングスは，MS&ADインターリスク総研ならびにシンク・ネイチャーとともに，自然資本の可視化・分析ツールや回復ソリューションの共同開発を含む，ネイチャーポジティブへの貢献を目的とした共創に関する協定を締結しました。MS&ADホールディングスは，「シンク・ネイチャーは，高解像度の自然資本ビッグデータを持つ国内唯一の組織であり，AI等の最先端技術を用いた予測やシナリオ分析において，高い技術を有しています。本協定を通じて，３社は，シンク・ネイチャーが開発する自然資本ビッグデータとAIを統合した科学的アプローチと，MS&ADインターリスク総研が気候変動・生物多様性の企業向けコンサルティングで培ったノウハウを持ち寄り，新たなソリューションの開発を目指します」と公表しています（MS&ADホールディングスHPより）。

■自然や生物多様性の保全や回復に貢献する保険商品の提供を開始

MS&ADホールディングスの三井住友海上火災保険では，気候変動への対応に加え，自然資本・生物多様性の保全・回復に資する商品・サービスを提供し，地球環境との共生と新たな収益基盤の確立に取り組んでいます。

三井住友海上火災保険は「本取組は，2022年度からスタートした中期経営計画で目指す姿「未来にわたって，世界のリスク・課題の解決でリーダーシップを発揮するイノベーション企業」の実現に向けた取組の一環となります。第一弾では，野生動物のロードキル削減を目的に，自動車保険の専用ドライブレコーダーにおける動物注意アラート機能のバージョンアップと，寄付制度の拡充を行います。」と公表しています。さらに，2022年10月には，「自然資本・生物多様性の保全や脱炭素化に伴う中長期的な社会変革を視野に入れ，「ブルーエコノミープロジェクト」を始動します。残されたフロンティアの１つ「海洋海底」において，経済活動や脱炭素化，海洋生態系の保全の取り組みによって新たに生じるリスクを分析し，ブルーエコノミーの発展を支える保険商品・

サービスの開発を，社内外の組織を横断した体制で推進します。」と公表しています（三井住友海上火災保険HPより）。

■４社連合にてFANPSを発足し，ソリューション開発やファイナンスを検討

MS&ADホールディングスを含む金融４社（三井住友フィナンシャルグループ，日本政策投資銀行，農林中央金庫）は企業における事業活動のネイチャーポジティブ転換を促進・支援することを目的とした「Finance Alliance for Nature Positive Solutions（FANPS）」を発足しました。

金融４社は「世界的潮流をいち早く捉え，企業のネイチャーポジティブに向けた取組みへの支援と国内の機運醸成のためには，共同調査・研究が欠かせないと認識し，FANPSを発足させるに至りました。自然関連リスクの分析方法・ツールや，リスクの緩和に寄与するソリューションを調査し，研究者とも連携してネイチャーポジティブに有効なソリューションをカタログ化して公表します。調査を踏まえ，自然へのインパクトを減らすビジネスモデルや，自然を再生・回復する技術の実装を支援するファイナンスについて検討します。」と公表しています（MS&ADホールディングスHPより）。

本事例は，他企業と共創しながら，自然資本関連のソリューションや商品開発を積極的に取り組んでいる好事例といえると筆者は捉えています。

《図表》FANPSの活動概念図

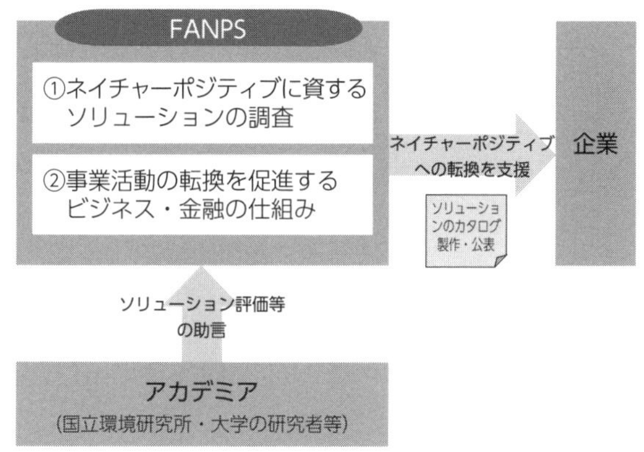

（出所）MS&ADホールディングス ニュースリリースよりNRI作成

1　Federated Hermes Limited

生物多様性を推進するプレーヤーへの投資を通じて資本成長を実現する生物多様性ファンドを設立

■生物多様性に関わる目標設定と推進に向けた取り組みを実施

英国の資産運用会社であるFederated Hermes Limited（FHL）は，2022年に世界初となる生物多様性ファンド（第９条）を設立しました。本ファンド組成に先立ち，FHLはポートフォリオ全体でコモディティによる森林破壊ゼロを目指し，2025年までにその信頼できる進捗状況を公に報告することを約束しました。FHLは生物多様性に関するエンゲージメントの強化を通じて，生物多様性を企業成長の重要な要素と定義するための取り組みを推進しています（FHL HPよりNRI訳）。

■世界初の生物多様性ファンドの組成

生物多様性への認識を高め，その保護を促進するという目的のもと，FHLは英国自然史博物館の見識に基づく生物多様性ファンドを立ち上げました。このファンドは，人間・企業の活動によってこれまで失われてきた生物多様性について，今後の更なる損失に対するFHLの危機意識のもと設立されています。

FHLは，企業や投資家がこのような生物多様性に関する問題をこれまでほとんど無視してきたとし，年間８億ドル以上の生物多様性に関する世界的な資金ギャップに今後直面するとの予測に対して，金融業界は資本配分とスチュワードシップを通じて重要な役割を果たすことができると主張しており，本ファンドは，土地汚染，海洋汚染と搾取，持続不可能な生活，気候変動，持続不可能な農業，森林破壊などの６つのテーマに分かれています。これらの個別のテーマに基づき，FHLはテーマに関連する特定の生物多様性の課題のリスクを軽減し，自然資源損失に対するソリューションを提供するベストプラクティス企業を特定して資金提供を行います（FHL HPよりNRI訳）。

■生物多様性に関わる企業へのエンゲージメント強化

ファンドの立ち上げと並行して，FHLとそのスチュワードシップ部門であるEOS at Federated Hermes Limited（EOS）では，生物多様性の観点からの企業へのエンゲージメント活動の強化も行っています。EOSでは，EOSによるエンゲージメントを通じて企業が推進すべき生物多様性関連の活動と開示を明確に示しています。

EOSによる企業とのエンゲージメントでは，生物多様性や生態系サービスが企業にどのように関係しているかを理解することを目指しています。エンゲージメントによる第一の優先事項は，企業に対して自社のビジネスモデルの生物多様性と生態系サービスへの依存の程度や，この依存に関連する潜在的なリスクと機会を評価するように促すことです。第二の優先事項は，企業が自らの事業やサプライチェーンが生物多様性や生態系に与えている悪影響を理解し，緩和して逆転させることです。企業は自社の長期的な成功にとって自然がいかに重要であるかを認識し，その保全と回復に積極的に貢献する責任を負わなければならないとしています。EOSはTNFDの勧告に従って，企業が自然関連の依存・影響関係，リスク・機会を評価し，開示することを期待しています。GBFで合意された2030年までに生物多様性の損失を食い止め，回復させるというミッションに沿って，TNFD評価から得られた知見を活用し，バリューチェーン全体で生物多様性の戦略と目標を設定することを企業に奨励しています（Federated Hermes Limited HPよりNRI訳）。

《図表》FHLが定めるエンゲージメントの優先事項と企業への期待事項

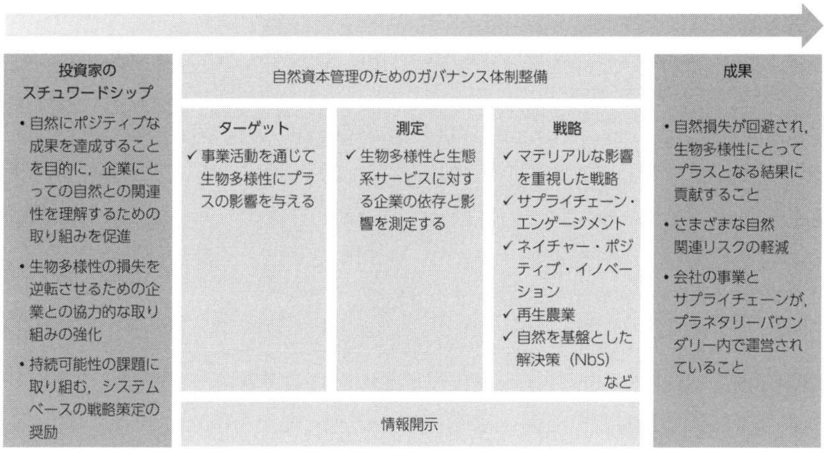

（出所）Federated Hermes Limited HPよりNRI作成

2　AXA

事業が生物多様性に与える影響を定量的に示すことができる業界横断の共通指標を開発

■生物多様性に関して積極的にコミット，取り組みを推進

AXAグループ（以下，AXA）は世界51の国と地域，約9,300万人にサービスを提供する，保険および資産運用分野の世界的な企業です。主に生命保険，損害保険，資産運用の3つの分野で事業を展開しています。

AXAは，生物多様性について「Biodiversity loss endangers ecosystemic services, which threatens both society and businesses that depend on them, and in turn investors and insurers that rely on a well-functioning economy. We view the biodiversity challenge as a natural extension of our climate efforts.（NRI訳：生物多様性の損失は生態系サービスを危険にさらし，それに依存する社会とビジネスを脅かし，ひいては経済がうまく機能していることに依存する投資家や保険会社をも脅かす。）」と考えています。また，大手保険会社であり，プラスチック廃棄物の排出や土壌汚染をほとんどしないAXAが，生物多様性の損失や自然保護に取り組む理由を，「The potential loss of key ecological services endangers not only populations but also certain businesses that depend on them and can therefore become a concern for investors. Investors' ability to understand and map these potential risks would enable them to identify opportunities and in doing so, help support solutions rather than environmentally unsustainable business practices.（NRI訳：主要な生態系サービスが失われる可能性は人々だけでなく，それに依存する特定のビジネスも危険にさらすため，投資家の懸念となりうる。投資家はこうした潜在的なリスクを理解し，マッピングすることで，機会を特定，解決策を支援できる。）」と説明しています（AXA HPより）。

■事業が生物多様性に与える影響を測定するための定量指標を開発

生物多様性の指標は，地域・事業内容，影響評価の方法に左右されるため，企業間の取り組みを比較する共通指標の設定が難しいと考えられています。AXAは他の資産運用会社と連携し，適切な評価指標の開発や，指標開発のた

めにさまざまなツールを用いて自社の事業や投資ポートフォリオを分析しています。

例えば，2022年には，Iceberg Data Labが開発した指標「Corporate Biodiversity Footprint（CBF）」を用いて分析しています。CBFは，投資家の投資活動が生物多様性に与える影響をポートフォリオレベルで特定することを目的とした指標です。具体的には，生態系が投資先企業のバリューチェーン全体の経済活動によって影響を受けた結果を自然のままの状態（企業活動によって妨害されていない生態系）と比較して，どの程度劣化するか（マイナスの影響）を測定します。企業の土地利用，GHG排出による気候変動，大気汚染，水質汚染の観点を織り込んだうえで，一定の区切られたエリアにおける在来種の相対的な豊富度の平均（MSA）を測っています。

上記の考え方に基づきAXA Franceの生命保険商品（個人貯蓄）専用のポートフォリオを対象に試算した結果，2022年末の生物多様性フットプリントは，-0.078 km^2 of MSA/€m，つまり10億ユーロを投資することは，78km^{2}の土地（パリの面積の3/4）を人工化することに相当すると説明しています（AXA HPより）。

AXAが分析に用いた上記の指標は，企業のサプライチェーン等に結びついた土地利用の変更，気候変動などの影響を考慮できるため，金融業界以外の企業でも生物多様性の影響分析に活用できると推察されます。

《図表》在来種の豊富度のイメージ

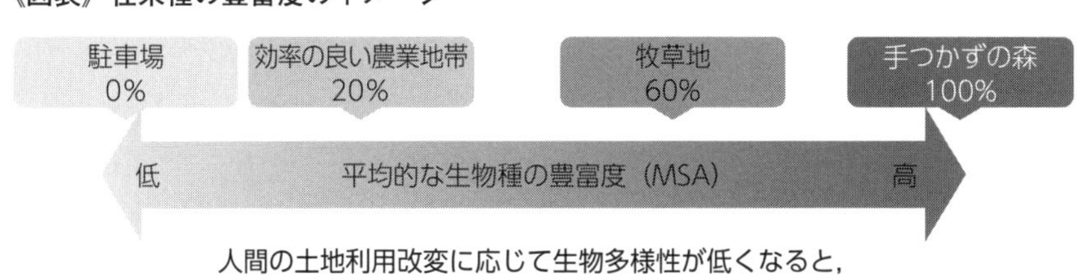

（出所）Iceberg Data Lab HPよりNRI作成

3　BNPパリバ・アセットマネジメント

生物多様性の依存と影響を，さまざまな観点・手法を用いて分析

■生物多様性に関する方針をいち早く示す

BNPパリバ・アセットマネジメントはフランスを拠点とするメガバンクであるBNPパリバグループの資産運用部門として，世界の機関投資家や個人投資家向けに資産運用サービスを提供しています。

BNPパリバ・アセットマネジメントは生物多様性に関して，2021年６月に「サステナブルへの回帰：生物多様性のロードマップ」を公表し，自社のような大手金融にとって生物多様性が何を意味するのか，自社のどのような活動に反映されるか，どのように対応しているかをいち早く示しています（BNPパリバ・アセットマネジメントHPより）。

■生物多様性への依存・影響を多様なツールを用いて分析，定量化

BNPパリバ・アセットマネジメントは，図表に示す「サステナビリティに向けた６つの柱」を土台とした，自社の生物多様性ロードマップを示しています。

ロードマップは幅広い観点から提示，分析されており，例えば「1. ESGの統合」では，「生物多様性に関する情報を確実に得て投資判断を行う」「生物多様性問題の理解を投資業界や企業社会で深める」ことを目的として，図表に示した多様な観点から分析しています。分析では，ツールを用いて自社のグローバルに運用する資産に関して依存度と影響度を分析，自然関連の影響を定量化しています。今後も，「投資および自然に対する直接的・間接的リスクを十分に把握すること」を目的として，「まずセクターから個別企業へ，次に当該企業の具体的な資産やサプライチェーン，さらに地理的な位置により水ストレス地域，生物多様性ホットスポット，土地劣化の領域に該当するか割り出す」など分析をさらに掘り下げる方針を示しています（BNPパリバ・アセットマネジメントHPより）。

BNPパリバ・アセットマネジメントはその分析の広さや深さだけでなく，実施した分析の方法と結果，「ツールを活用して学んだこと」等を公開しているため，金融業界以外の企業の参考になると考えられます。本知見の公開は，金融業界に限らず，広い業界の自然資本の取組水準を引き上げるものと考えます。

《図表》サステナビリティに向けた６つの柱に基づいた生物多様性ロードマップ

1. ESG（環境，社会，ガバナンス）の統合
例：ESG要素を考慮した投資判断の考察に生物多様性を組み入れる

2. スチュワードシップ活動
例：議決権行使と投資先企業との対話に生物多様性を組み入れる
生物調整に及ぼす影響が多大な業界に関わり，特に森林伐採・水問題に照準を合わせる

3. 責任ある企業行動
例：生物多様性問題の評価を継続的に強化

4. フォワードルッキングの観点
例：生物多様性のデータの質や入手可能性を向上させる複数の共同プロジェクトに着手

5. サステナブル＋の商品ラインナップ
例：生物多様性関連の課題解決に向けた一連のソリューションの提供（生物多様性をテーマとするファンド等）

6. 「企業の社会的責任（CSR）」を通じ，有言実行
例：自社自身の事業活動が生物多様性に及ぼす影響を抑制，
重要な環境課題について従業員や業界に有益な情報を提供

《図表》生物多様性に関する依存度・影響度の分析（一例）

①依存している生態系サービス	ENCOREを用いた投資先企業の生態系サービスに対する直性的依存度の把握
②水関連	各社の開示データを基にした，運用ポートフォリオ（上場企業の株式・債券，国債）における情報開示水準の評価
	業種別（GICSセクタ）の水効率（100万ユーロの収益を生み出すために必要な水の量）
	水ストレス地域における企業の取水量の比率
③森林関連	CDP Forest等のデータセットと合わせて，投資企業の森林に関する方針・コミットメント，トレーサビリティの強さの評価
④生物多様性関連	IDLと連携した生物多様性に与える影響の定量化

（出所）上下どちらの図表もBNPパリバ・アセットマネジメントHPよりNRI作成

4　Rabobank

農家の収益向上と生物多様性保全を両立できる支援を実施

■生物多様性を農家のメリットにつなげる農林系金融大手

Rabobankは，世界38カ国で事業を展開し，オランダでは約910万人の顧客を抱える，オランダの大手農林系金融です。Rabobankは「Our ability to develop and offer sustainable finance products and services depends on accurately assessing our clients' sustainability performance.（NRI訳：持続可能な金融商品・サービスを開発・提供できるかどうかは，顧客（農家）のサステナビリティの実績・成果の正確な評価にかかっている）」と考えており，すでに農家と共同で生物多様性に関する実績の把握・改善の取り組みを進めています。

■農家の生物多様性に関する実績を把握，それを改善の取り組みにつなげる

Rabobankは，生物多様性に関する実績の把握をさまざまなステークホルダーと協働して取り組んでいます。例えば，WWFとSustainable Dairy Chainとともに生物多様性のデータ取集と生物多様性の取り組みが改善された際の報酬制度の開発を実施しました。具体的には，酪農家が生物多様性に与える影響を土壌バランス，自然との共生，景観管理などのKPIを通じて測定し，持続可能な方法で生産された牛乳かどうかを評価したのち，認定を受けた牛乳について「On the way to PlanetProof」のロゴを利用して取り組みをアピールできるようにしています。その他にも，保険会社のa.s.r.社および水を供給するVitens社と共同で，土壌の生物的，物理的，化学的特性を示し，農家に土壌の質を測定し，改善するためのツールを提供しています。また，窒素排出を最小限に抑えることでより持続可能な酪農を目指す試験的な取り組みの一環としてオランダの農業機械メーカーLely社およびFrieslandCampina社と共同で，循環型糞尿処理システムLely Sphereの開発に協力しています（Rabobank HPよりNRI訳）。

■農地への植林と炭素固定と農家の支援を両立したプロジェクトを支援

2021年にはMicrosoftと戦略的パートナーシップを締結し，炭素隔離プロジェ

ク　ト“ACORN（Agroforestry Carbon removal units for the Organic Restoration of Nature）”に取り組んでいます。本プロジェクトは，約40億本の木を植え，150万トン以上のCO_2を削減する目標を掲げています。この取り組みは，農家が農作物や家畜のために使う土地に木を植え森林と両立させる「アグロフォレストリー」によって大気中の炭素を吸収し，カーボンクレジットを生み出すことで，土地の質の向上，農家の収入増，生物多様性の回復を両立する仕組みです。具体的には，衛星やドローンを用いたリモートセンシングで登録農園の樹木の生育状況からCO_2の固定量を計算し，CRU（Carbon Removal Units）と呼ばれる単位に変換し（1 CRUは1,000キログラムのCO_2固定に相当），CRUをオークションにかけ，農家の収益につなげることができます（Microsoft HPより）。

Rabobankの取り組みは，農家の収益向上と生物多様性の双方を達成するために，実効性が高く，日本においても参考になる取り組みが多いと考えられます。

《図表》炭素隔離プロジェクト ACORNの概要

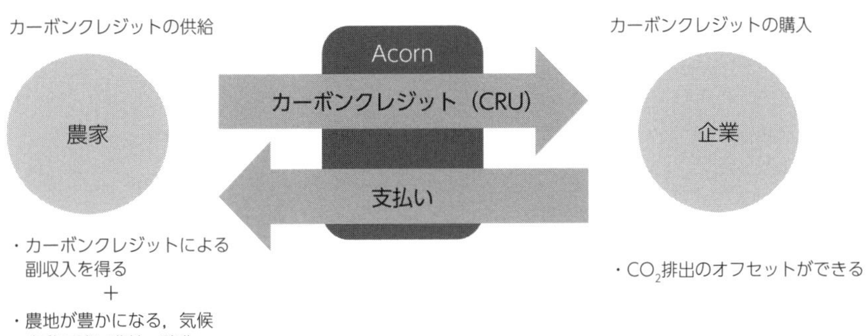

（出所）Microsoft HPよりNRI作成

5　First Sentier Investors

マイクロプラスチックの各国規制動向を受け，リスク管理の観点から企業に対する働きかけを強化

■洗濯機メーカーへのマイクロプラスチック対応を後押し

前項までに紹介した土地利用や水ストレスなどに着眼した取り組みに加えて，別の観点で企業への自然資本関連の技術開発推進やモニタリング・評価を進めている資産運用会社もあります。

オーストラリアの資産運用会社First Sentier Investors（FSI）は，NGOや，英国海洋保護協会（MCS）の研究者と共同で，マイクロプラスチックに対するエンゲージメントグループを発足し，マイクロプラスチックに関する企業評価・投資に着手しました。この活動の背景には，マイクロプラスチックの放出を抑制するためにフランス・英国・豪州・米国等で義務化が進んでいる洗濯機へのフィルター着用の動きがあります。FSIではこのような規制の広がりがある一方，洗濯機業界におけるマイクロファイバーろ過技術の導入が遅れていることに潜在的な財務リスクを見出し，この課題にアプローチすべく，投資家による洗濯機メーカーへのフィルター導入促進の活動を進めています（MUFGファースト・センティアサステナブル投資研究所HPより）。

今後，マイクロプラスチック対応は海洋保全の観点から，森林破壊，土地利用に次ぐ自然資本関連の重点テーマとして注目を集めていく可能性があります。

■企業製品への対応の落とし込み

エンゲージメントグループにてMCSと共同で行った研究結果等を生かし，同社では企業への製品開発の働きかけも進めています。トルコの洗濯機メーカー「グルンディッグ」は，FSIからの働きかけもあり，世界初となるマイクロプラスチックフィルターを導入した洗濯機の販売を英国で推進しています（MUFGファースト・センティアサステナブル投資研究所HPより）。

現在，マイクロプラスチックフィルターの導入には，洗濯機１台当たり£500のコストがかかり，マイクロプラスチックの捕集効率は90％に上るとされています（MUFGファースト・センティアサステナブル投資研究所HPより）。

本製品は，従来製よりもコストがかかる面がある一方で，FSIをはじめとす

る投資家から，今後のマイクロプラスチックへの規制の広がり等の財務的リスクに対応できる製品として注目を集めています。また，新たな観点から生物多様性に対する取り組みを先行して進めるために，競合との差別化要因として本製品を活用していると考えられます。

実際に，グルンディッグのフィルター導入型洗濯機は，当該分野において革新的な製品を生み出している好事例として，英国政府の規制検討の場でも取り上げられ，生物多様性に配慮した製品開発・技術革新の業界ベンチマークとしての立場を確立しつつあります。

このように，各国の規制整備に端を発し，投資家による企業への生物多様性への対応ニーズは増加しています。生物多様性は積極的に対応しなければいけない財務インパクトの高い分野として認識する投資家は増加しており，さまざまなアプローチで企業評価への活用を目指す取り組みが進んでいくと考えられます。

《図表》マイクロプラスチックに関わる取り組み可能な対策と投資家から企業への働きかけ

#	対策	投資家による企業への働きかけ
1	マイクロプラスチックの原因となる繊維の抜け落ち率に対する規制	繊維・衣料品のバリューチェーンにおける取り組み促進 ①繊維の抜け落ち率の基準採用 ②企業に対し，繊維の抜け落ち防止策の設定を奨励 ③繊維抜け落ち率の規制がバリューチェーンに及ぼす経済的影響を把握（研究開発コスト，バリューチェーンコストの増加など）
2	繊維製造時のマイクロプラスチック放出の抑制	
3	洗濯機におけるマイクロプラスチックフィルターの使用	洗濯機メーカーと連携し，製品開発・商品化を促進
4	排水処理施設でのマイクロプラスチック除去率の改善	既存のWWTPにおける三次処理・四次処理プロセスの導入，もしくは現在設置されていない地域でのWWTP建設。イニシアチブの資本集約度を鑑み，政府と規制当局が推進を主導

（出所）MUFGファースト・センティア サステナブル投資研究所HPよりNRI作成

自然資本を投資テーマに取り組むグローバル投資家

■CBD-COP15や規制が与える投資家への影響

CBD-COP15は2022年12月に，過去最大の１万8,000人の参加をもって開催されました。この時の主要な成果は，2030年までに生物多様性の損失を止め，2050年までに回復を達成するための行動の指針となるロードマップ「ポスト2020生物多様性グローバルフレームワーク」の採択でした。このような取り組みはグローバルの投資家にも影響を与えました。CBD-COP15の前には，欧州で責任投資原則（PRI）に署名している投資家に「自然資本を考慮した投資をしていますか？」と聞けば，ほぼ漏れなく「もちろん」という答えが得られました。オランダの公的年金基金で長年運用を行い，引退後はアドバイザーなどをしているＪ氏は，欧州の投資家については規制当局の影響が大きいと考えていました。オランダ中央銀行は2020年，バイオダイバーシティのリスクがオランダ金融セクターに及ぼす影響について調査レポートを発行しており，投融資先の自然資本に関するリスクを評価し，運用方針に含めていなければ遅かれ早かれポートフォリオのリスクとなる，という認識を高めたと話してくれました。

野村アセットマネジメントのロンドン支社では，欧州の他の大手運用会社のように，自社の投資哲学について，レポートを公開しています。その中で社会的に優先すべき４つの課題をあげており，それらは気候変動，医療へのアクセス，社会的責任，そして自然資本となっています。伝染病や，銀行口座を持たない人口の割合，安全な飲料水を利用できる人口，グローバルに再生可能なエネルギーの出力などと一緒に，１人当たりの資源消費といったインパクト目標を設定し，これらを投資判断に実装していると書かれています。

■データ不足が評価の壁に

一方米国系運用会社の香港オフィスで，アジア株を担当しているＦ氏は，自然資本に対するリスクの考慮を投資戦略に組み込む中で，データの収集について悩んでいました。「水や土壌などすでにデータが整備されている分野もある。アジア企業も自然資本に対するポリシーはよく開示するようになったが，データやエビデンスが伴っていなかったりする」と話してくれました。今はどのようなデータが有益か，議論の段階かもしれません。ロンドンで，アジア株のインパクト投資に力を入れているA氏は，最近豪州の現地企業とシンポジウムを行い，バイオダイバーシティに関するリスクの何がもっとも事業に影響をするかを議論したそうです。

やはりロンドンでインパクト投資に力をいれるP氏は，投資先企業をサプライチェーンマネジメントの観点で注目しており，やはり今はまだ調査段階です。しかしP氏は「おそらく聞けば全員『自然資本は重要』というだろう。しかし，それがどれほど投資にインパクトを及ぼしているのか分析をすることは難しい」と感じているそうです。分析に必要な情報の不足は，みなが問題点として認識しており，国際サステナビリティ開示基準（ISSB）でも，本項執筆時点における次の基準開発の候補として，バイオダイバーシティ関連情報を候補の1つにあげています。

《図表》社会的に優先すべき４つの課題を投資判断へ組み込む

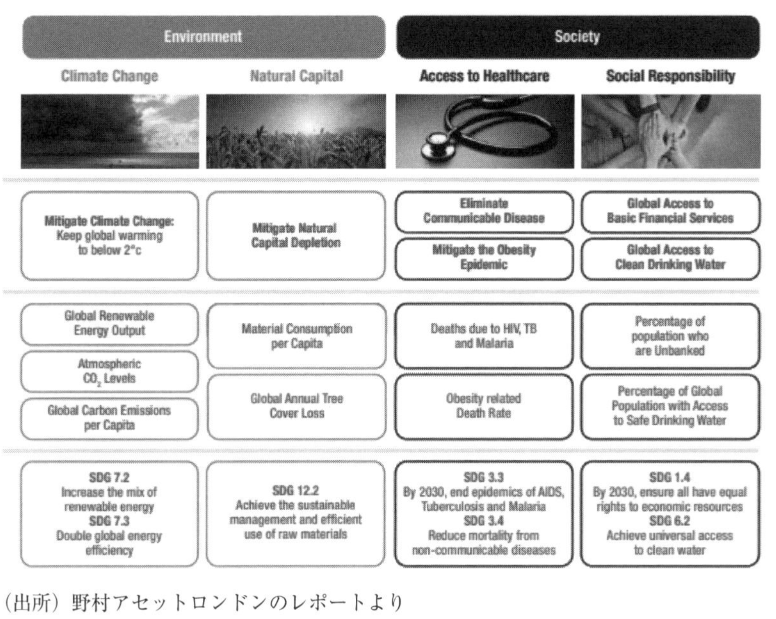

（出所）野村アセットロンドンのレポートより

森林破壊は地球規模の問題。衛星写真で包括的にリスクを管理

＝＝＝インタビュー先＝＝＝
Arjen Vrielink 氏
Satelligence（森林破壊のモニタリングのために衛星データをAI分析し，企業や投資家に提供しているネイチャーテック企業）
Director / Owner
＝＝＝＝＝＝＝＝＝＝＝＝＝＝

NRI（以下，N）「Satelligenceは，衛星データを基に森林を監視することができる情報を投資家に提供していますね。でも御社の主要なサービスは企業に対し，自社のサプライチェーンの状況を理解できるようサポートすることだと理解しています。なぜ衛星データなのでしょうか。それらを使用することで企業はどのようなメリットが得られますか。」

Arjen（以下，A）「衛星データはそれ自体が答えになることは決してなく，最初のインプット，あるいはより大きなソリューションの一部として活用されます。我々がこのデータを，サプライチェーンにおける環境リスクのマッピングと，そのモニタリングに活用しようとしているのは，これがグローバルな問題だからです。つまり，グローバルに一貫性があり，手頃な価格のソリューションが必要となります。衛星をもとにした観測データであれば，地球全体をカバーし，一貫したデータが得られます。地球規模で用いることができれば，規模のメリットによりコスト効率もよくなります。ローカルのフィールドデータ（現地で観測作業を行うこと）は，より正確な結果をもたらしますが，コストが高くなり，局所的な結果となってしまいます。そして一貫性のないデータセットが生成されるという問題があります。それに比べて，衛星から撮影したデータは，環境サプライチェーンのリスクに関する洞察を得るのに十分な解像度と頻度を備えることができ，世界のどこの情報も同じように入手できます。」

N「それでは，こういったデータを活用する投資家側にとってのメリットもお聞きできますか。」

A「投資家は通常，リスク評価の基礎となる財務データはともかく，非財務の情報になると，何らかの代替データ（例えば排出量を図るために，消費電力量を用いるような）”で状況を把握するしかない場合があります。しかし衛星データを利用すると，実際に何が起こっているかをほぼリアルタイムで知ることができます。そして，企業間の状況を同じフォーマットで比較することができます。衛星データのカバー力は，ポートフォリオ内の特定の企業だけでなく，セクター全体の概要を知りたい投資家にとって，非常に魅力的でしょう。」

N「投資家がこのようなデータを利用することによる企業へのインパクトはどのようなものでしょうか。」
A「投資家が衛星データを見て判断する場合，企業にとっても報告をわかりやすく行うことができるでしょう。ある意味，潜在的な投資家に自社がしっかりやっていることをアピールすることもできます。」

N「森林モニタリングの次の目標や課題は何ですか。」
A「森林を監視する際の現時点での最大の課題は，サプライチェーンデータの完全性，つまりプランテーションまでの追跡可能性です。アブラヤシのサプライチェーンにある化粧品会社などのサプライヤーは，最終的に調達する農家がどこにあり，採掘権がどうなっているのかわからない，ということがよくあります。解決策の1つは，いわゆる「管轄アプローチ」です。サプライチェーンを個々の農家や利権まで追跡するのではなく，州や地方自治体などの行政（管轄）区域まで追跡します。これだと小規模農家の生産者を正確にマッピングすることは困難です。しかし集約的なアプローチは，0から1へのギャップを埋めるための一歩になります。何も知らない状態から，少なくともリスクについて一般的な状況を知る状態まで進むことができます。」

Finance for biodiversity Pledge～金融機関の誓いと日本企業への要求

■金融機関の誓い　ポートフォリオの貢献

英国の元公的年金系運用会社であるFederated Hermesは126の金融機関で構成される“Finance for biodiversity Pledge”に参加しています。参加するためには，次の５つのことを誓約する必要があります。2024年中に①コラボレート（ESGの課題などで他の投資家と協力をすること）して②企業にエンゲージメントを行い，③インパクトを評価し，④目標を設定して⑤ポートフォリオがいかにバイオダイバーシティの問題に貢献できるか公表する，となっています。Federated Hermesは多くの日本株に投資をしていますが，それ以外にも他の投資家の議決権行使やエンゲージメントを代行するサービス（Hermes Equity Ownership Services）を提供しており，自らが投資をしていない企業にも影響力を持っています。

■情報開示の不足が投資の足かせに

この誓約に基づきファンドを運用しなければならないW氏は，日本企業の開示の不足に困っているそうです。開示の量は増えてきていますが，例えば投資先企業がナチュラル・キャピタルに対しどういった責任があり，どのようなインパクトが事業にもたらされるかを明確に述べていないと，自分自身の運用が誓約どおりに行えるのか，検証できません。

日本企業も，統合報告書などで必要と思われる情報を開示していますが，英語版がない企業も少なくありません。それから有価証券報告書のような制度開示でも，ナチュラル・キャピタルに関するインパクトは，“自社のサステナビリティにおいて重要である”と認識しなければ開示されない可能性があります。つまり，投資家は重要だと思っても，必ずしも企業もそう考え開示を行うわけではなく，また開示のしかたも各社異なると比較が困難となります。そのために生じる情報不足は，W氏のようにポートフォリオがいかにバイオダイバーシティの問題に貢献できるかを公表しなければならない場合，足枷となります。

■求められる意識の向上

W氏は「あるスーパーマーケットを営む日本企業に投資をしており，エンゲージメントを行っている。しかしその企業のマネジメントが，例えば自社が扱っているプロダクトでパームオイルを用いるものについて，それらが東南アジアにおけるサプライヤーをどのように管理しているかをあまり認識していないケースもある」といった事例を挙げました。

パームオイルを原材料とするプロダクトを提供している場合は，そのHPでサプライヤーの管理方法について開示している日本企業もあります。RSPO（持続可能なパーム油のための円卓会議）の認証を得ているサプライヤーの割合と，今後もそれを高める目標などを開示しているケースもいくつか見られます。しかしこれらのプロダクトを扱うスーパーマーケットとなると，まだまだそこまでの対応は，難しいのかもしれません。パームオイルのように，サプライチェーンの源流が，非上場企業で現地の農家となると，適切にモニタリングを行うには，NGOや規制当局との連携も必要となるでしょう。しかし投資家は，投資先企業のサステナビリティを高めるためだけではなく，自らの開示のためにも，今後ますますこのような企業の対応と，その開示を求めるようになるでしょう。

《図表》さまざまな企業のCEOたちが自らのPledgeを発表

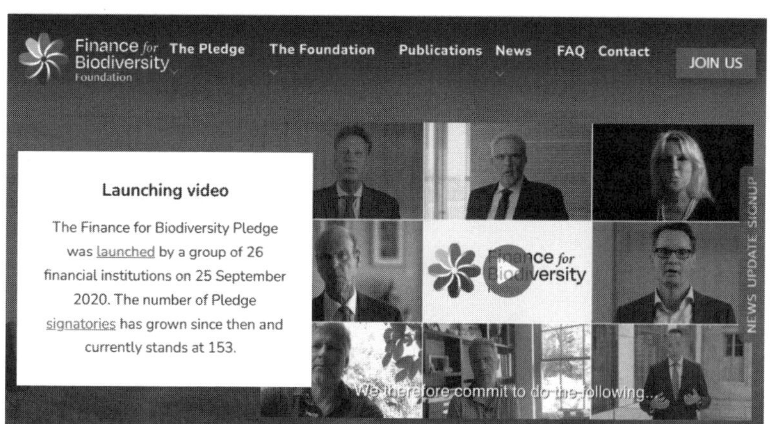

（出所）Finance for Biodiversity FoundationのHPより

動物性たんぱく質のグローバルサプライチェーンとアジア地域の重要性

＝＝＝インタビュー先＝＝＝
Erika Susanto氏
FAIRR（畜産・養殖業界の抱えるリスクを啓発し，投資家に対して意思決定を行う際にこれらのリスクを組み込むように促している投資家ネットワーク）
ESGリサーチ＆データディレクター
＝＝＝＝＝＝＝＝＝＝＝＝＝＝＝

NRI（以下，N）「FAIRRは，食品分野におけるESGのリスクと機会に対する認識を高めるグローバルな投資家プラットフォームだと思います。気候関連と異なり，まだ耳慣れない人もいると思いますが，FAIRRは『集約的な食肉生産に関連する問題を，投資家や企業に認識させること，また食料システムのリスクを最小限に抑えようとする投資家が，ネットワークを構築できる場を提供すること』を行っています。メンバーとなった投資家に，具体的にはどのようなものを提供しているのでしょうか。」

Erika Susanto（以下，E）「FAIRRはまず，リスクや機会を認識するために必要なデータを提供しています。また，エンゲージメント，またはそれをコラボレートすることを促進させ，関連するポリシーを提供しています。」

N「投資家はFAIRRにメンバーとして参加することで，そのデータを用いたり，ポリシーを参照したり，または一緒にコラボレートエンゲージメントができるということですね。それは投資家にとってどのようなメリットになるのでしょうか。」

E「我々はタンパク質のバリューチェーンに特化した，農業食品分野の詳細なリサーチを提供しています。これらをもとにしてコラボレートエンゲージメントをすることで，投資家は（情報収集などの）負担を最小限に抑えることが可能となると思います。」

N「そのリスクと機会を理解するために，企業は何をすべきでしょうか。」

E「ポートフォリオに組み入れられている企業については，まず我々のWebサイトにあるベスト・プラクティスの例を参照していただくことができます。投資家は我々のコラボレートエンゲージメントに参加したり，調査データをもとにしてポートフォリオ企業と対話したりするでしょう。まずは，企業もこのプラットフォームを通して，投資家が何を望んでいるかを理解していただくことが良いのではないかと思っています。」

N「FAIRRの今後の活動の目標，また課題はありますか。」

E「動物性タンパク質の供給者に関わるグローバルのサプライチェーンをみてみた時，アジア地域の重要性は今後ますます高まることがわかります。この地域の人口は，2050年までさらに増加が予想されるためです。そうなると，動物性タンパク質の重要な消費者グループとなります。したがってFAIRRもアジアに重点を置くことを優先事項としています。また今後は，海洋と生物多様性に関するワークストリームも拡大したいと考えています。」

なぜたんぱく質が投資にとって重要か

＝＝＝インタビュー先＝＝＝
Benjamin McCarron氏
Asia Research & Engagement（エネルギーやプロテイン問題に注目し，投資家が投資先企業の評価やエンゲージメントに役立てるリサーチを提供。またコラボレートエンゲージメントをサポートしている投資家団体）
創設者兼代表取締役
＝＝＝＝＝＝＝＝＝＝＝＝＝＝＝

NRI（以下，N）「ARE は，アジア地域のサステナブルな発展の促進を求め，エネルギーやタンパク質のトランジションに関する投資家のエンゲージメントを支援していますね。タンパク質の問題を投資に組み込むというのは，まだあまり馴染みのない人も多いと思います。なぜタンパク質なのでしょう。」

Benjamin McCarron（以下，B）「日本だけではなく多くの人は，GHGの排出を削減し，食品と農業に関連するその他のネガティブなインパクトに対処することの重要性をあまり認識していません。動物性たんぱく質の供給は最も資源を多く消費し，GHGを排出する産業です。いくつかの推定によると，世界の農地の半分は動物の飼料を生産しています。気候変動だけでなく幅広く環境にインパクトを与えています。生物多様性の減少と森林破壊の要因であり，水，土地，抗生物質を大量に消費します。肥料，化学物質，耐性菌による汚染の問題もあります。土壌の枯渇，大気汚染，海洋生物の乱獲といった天然資源の過剰利用の一因にもなっています。

アジアは最も人口が多く，主要市場では依然として増加しています。アジアの主要10市場への動物性たんぱく質の供給は，何もしなければ気候安全シナリオよりも約630億トンGHGの排出量を押し上げると我々は予測しています。ネガティブなインパクトを軽減するには，動物性タンパク質の供給を制限することが緊急に必要です。特に，動物の飼料に関連する森林破壊を止める必要があります。アジア地域に投資する投資家が，投資先企業が環境破壊の要因になるより，アジア地域の食に関する課題に貢献するほうを望む場合には，とても重要なことです」

N「なぜこの課題が投資家にとって重要か，もう少し詳しく教えてください」
B「タンパク質供給産業はエネルギー産業よりも多くの課題を抱えているということです。電力会社であれば主な問題は温室効果ガス排出量の削減であり，問題は，再生可能エネルギーと化石燃料による電力のどちらがより資本を費やしているか，です。一方，タンパク質の場合は，投資家は排出量だけでなく，他の複数の環境問題や社会問題の影響を考慮する必要があります。

これがAsia Protein Transition Platform（AREが提供している投資家に対する支援サービス）を開発した理由で，多くの投資家がこのプラットフォームに参加しています。投資家は企業のサステナビリティの取り組みを検証し，主要なリスクに優先順位を付ける必要があります。このプラットフォームを通じて，投資先企業にサステナビリティの取り組みを求める際役立つような，複雑な知識を得ることができます。

それは企業の戦略，方針，目標，業績報告を通じ，長期的な成果を確認できるもので，そのために“2030年ビジョン”，“中間目標”，そしてこれらの情報を企業が示せるよう“開示フレーム”を開発しました。そして“責任ある動物タンパク質と真にサステナブルな優先事項”を“プロテイン・トランジション”と定めました。これは2030年までに次のような成果を求めます（次頁参照）。

投資家と企業の対話の場に

(前項より続き)
・サプライチェーンの完全なトレーサビリティと透明性
・公正な労働，採用，労働条件，および公正なプロテイン・トランジション
・労働者や公衆衛生への影響を軽減するため，予防的な抗生物質の使用を行わない
・動物福祉，eliminating cages，FARMSイニシアチブの責任ある最低基準に向けた取り組み
・検証された目標に向けた GHG排出削減
・動物飼料，大豆，パーム油，牛肉などの商品全体で森林破壊ゼロの実現
・自然資本の責任ある利用と，陸上および海上の生物多様性の保護
・化学物質の使用を最小限に抑え，より循環的な水と廃棄物システムの実現
となっています。

Benjamin McCarron（以下，B）「我々は，食品関連企業が プロテイン・トランジション2030 年ビジョンに沿うことができるよう，一連の開示情報，自己評価アンケート，この基準の重要性の説明文書など，基準をサポートするツールも開発しました。そして英語と中国語の入手可能なレポートから，アジアの主要市場における動物性タンパク質供給のための脱炭素化の道筋を示しました。企業にとっては，これらのツールやガイダンスが，自社のサステナブルな戦略，2030年のビジョン，そこに向かう戦略等を策定する際に役立つと考えています。」

NRI（以下，N）「企業の話も出ましたので，企業側についてお聞きします。企業がプロテイン・トランジションのリスクと機会を理解するためにするべきことについてもう少し詳しく教えてください。」
B「最初のステップは，自らの課題とそれがビジネスにどのように関係しているかを理解することです。そうすれば自らできることを判断し，自社のブランドのためにやるべきことを理解し，リスクを軽減し，機会を捉えることができます。我々の提供する情報は，その判断に役立てると思います。

「消費者や社会の期待が，企業が実際に行っている対応よりも高くなる場合，それはリスクとなります。例えば，アニマル・ウエルフェアの分野で消費者がブランドに対しより厳しい基準を求めるということがしばしば見られます。パリ目標を達成するには，2025年までに森林破壊をなくす必要もあります。次回開催されるCOP28および2030年の生物多様性目標に向けて，食品産業の対応の必要性はより認識されるでしょう。重要なのは，企業により責任ある，回復力のあるサプライチェーンを実現するために，プロテイン・トランジションにおける機会を認識してほしいということです。現在，特に代替タンパク質における多様化として，植物ベースおよび発酵由来の製品が注目されており，培養（細胞ベース）食肉や魚介類も有望な機会となっています。企業は，これらの新しい市場への参入を検討する必要があると思います。すでに日本，タイ，韓国の企業が代替タンパク質の販売目標を設定しているのを目にしています。」

N「AREの次のスコープ，課題を教えてください。」

B「まず，より多くのアジアの投資家や企業と議論する機会があればと思います。我々はグローバルな投資家と協力し，さまざまなツールを開発しており，それらを共有して，バリューチェーンのインパクトへの対処や，プロテイン・トランジッションを通じて企業のサステナビリティを高める支援をしたいと考えています。まずは情報を共有したり，視点を交換したり，あるいは行動を始めるサポートができるよう，このインタビュー記事をみた方からご連絡いただけたら嬉しいです。」

信頼されるパーム油の供給を

＝＝＝インタビュー先＝＝＝
Monisha S Mohandas氏
　RSPO（Roundtable on Sustainable Palm Oil 認証を提供するNPO）
　Stakeholder Engagement
＝＝＝＝＝＝＝＝＝＝＝＝＝＝＝

NRI（以下，N）「RSPOは持続可能なパーム油の認証を提供するNPOと理解しています。RSPOの活動について教えてください。」

Monisha（以下，M）「我々にとって最も重要なことは，ステークホルダーが持続可能なパーム油を調達し，消費することです。パーム油は，貧困ライン以下で暮らす人口の割合が非常に高い熱帯地域でのみ栽培されます。他の植物油と比較すると，アブラヤシは全植物油の35％を，土地の10％未満で生産できます。我々は３つの基準を開発しました（アブラヤシ栽培企業向け，サプライチェーン向け，および小規模の独立農家向け）。パーム油のサプライチェーン全体の関係者を結集して，持続可能なパーム油の世界基準を開発および実施することに重点を置いています。」

N「労働者への対応不適切であるなどの問題が見つかり，認定を取り消したケースが報じられていましたね。こういった対処は，投資家との信頼関係を高めるのではないかと思いますが，実際各農家をどのように調査していますか？」

M「まず認証を希望する独立小規模自作農は，RSPOの小規模自作農用の基準に，アブラヤシ栽培企業であればRSPO原則と基準（Principles & Criteria, P&C）に基づき監査を受ける必要があります。

　それでもRSPOメンバーについての苦情が提起された場合に，我々は以下のドキュメントに基づき措置をします。

1. RSPOの規程および細則
2. P＆Cの採用と実施に関連するすべてのガイダンス，指標
3. 我々が受け入れたりエンドースした各国語版のP&C
4. RSPOメンバーの行動規範

苦情を申し立てるには用意されたテンプレートを用います。その中にはRSPOの条項のどれに違反しているか，苦情を直接裏付ける証拠，この手順に進む前に，直接解決を求めるために実行された以前の手順などがあります。提出された情報をもとに苦情委員会で判断をしています。」

N「非常に大変な作業だと思います。ユーザーや投資家はコストの価値を理解する必要があると思いますが，認証の価値についてお話しいただけますか？」

M「RSPO認証の価値は，一部の地域での森林破壊，生息地の破壊，社会紛争に関連しているパーム油生産による環境および社会問題に対処できることにあります。認証により，生物多様性，水資源の保護を含む持続可能な実践を促進します。責任ある土地利用を奨励し，パーム油生産による環境への影響を最小限に抑えることを目指しています。また認証には，公正な労働慣行，労働者の権利，地域社会との関わりに関する基準が含まれています。認定を受けるには先住民族や地域社会の権利の尊重などの社会基準を遵守することが求められます。そして購入する製品が環境や社会に与える影響について懸念を抱く消費者に対し，認証はサプライチェーンの信頼性と透明性の構築に役立つことができます。更にパーム油生産に関連する風評リスクと運用上のリスクを軽減するでしょう。我々の認証は世界的に認知されており，政府，NGO，企業などの幅広い関係者によって支持されています」

N「今後の活動の目標や課題は何ですか？」

M「我々はいま，認証，取引，およびトレーサビリティのコンポーネントをシームレスなエンドツーエンド・システムに統合し，最適化されたシステムをRSPOのステークホルダーに提供することを検討しています。新しいプラットフォームは，欧州連合森林破壊規制（EUDR）に沿って欧州委員会が要求するデューデリジェンス声明に必要な情報を提供するRSPOのメンバーをサポートします。」

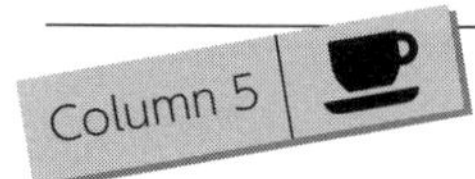

Nature Action 100

機関投資家から企業への対応要請が自然資本でも進む
-Nature Action 100

■Nature Action 100とは

Nature Action 100（以下，NA100）は，NGOや機関投資家（IIGCC）などを中心に2022年に設立された，国際的な機関投資家によるエンゲージメントのイニシアチブです。気候変動でも同様にCA100＋というイニシアチブがありますが，その自然版とも考えられます。

その目的について，NA100は自身のウェブページにて，機関投資家の間で共通のハイレベルなエンゲージメントのアジェンダと，企業に対する明確な期待事項の作成としています。つまり，企業が何をすべきか（投資家として何を期待するか）を明確にしつつ，それに関する投資家と企業の対話を促進し，実際の企業の取組の進捗をトラックしていくことが，NA100の主な実施事項と考えられます。

■企業に対する期待｜Investor Expectation

実際の動きとしては，まず「Investor Expectations」として企業への６つの要望事項を整理しています。１つ目は野心（Ambition）で，2030年までの取り組みコミットを求めています。２つ目は評価（Assessment）で，バリューチェーン全体を通じた自然関連の依存，影響，リスク，機会の評価・開示です。３つ目は目標設定（Targets）と進捗の報告，４つ目は，計画と実施（Implementation）と進捗の報告，５つ目はガバナンス（Governance）。６つ目が目標達成に向けたエンゲージメント（Engagement）になります。

これらの６つの要請項目はいずれもTNFDの開示要件とほぼ対応しているとみられ，TNFDへの対応を進めていきつつ，特に（機関）投資家が意識している点として対話の中でこちらの項目を意識・検討していくことが重要になると筆者は考えます。

■エンゲージメントの対象｜100 Companies

NA100は，23年９月，特に中心的なエンゲージメント対象とする100社を，８つのキーセクターから選定・公開しています。その際の基準として，①自然の損失を反転させるうえでシステム的に重要とみなされた主要セクターに含まれ，②Finance for Biodiversity Foundationの分析で自然に対する潜在的なインパクトが大きく，③セクター内で時価総額のシェアが大きく，④先進国・新興国を代表するとして選択された企業，の４点を挙げています。選択された100社に対しては，上記のInvestor Expectationを満たすことを期待する，としています。

なお，②で名前の出たFinance for Biodiversity Foundationは，NA100の準備作業（preparatory work）として，23年３月に自然へのインパクトにおける産業別のランキングを示す分析を行っています。具体的には，生物多様性フットプリントを計算する４つのツールを用い，各ツールによる生物多様性への潜在的な負の影響が大きい250社の評価を組み合わせ，産業分類別に集約し，影響の大きさでランキングを作成しています。TNFDの金融機関向けガイダンスでも，フットプリントは影響を示す指標例の１つに挙げられており，指標の限界には留意する必要がありますが，広大なポートフォリオを持つ金融機関（機関投資家など）が対応の優先度を検討するうえで，こうした評価や分析は有用なものになりうると筆者は考えます。

《図表》Investor ExpectationsとTNFD開示項目の対応

	Nature Action 100 | Investor Expectations	TNFDにおける対応する開示項目・要件等
①	自然の損失の主要なドライバに対する寄与を最小化し，バリューチェーン全体を通じ運用レベルで生態系の保全と回復を2030年までに行うことを公にコミットする	分析や開示の対象としてバリューチェーンの観点を明記しつつ，目標についてGBF等の国際目標への整合に対する説明を求める（一般要件，リスク・インパクト管理A（ii），指標と目標C など）
②	自然関連の依存，影響，リスク，機会をバリューチェーン全体を通じ運用レベルで評価・開示する	自然関連の依存，影響，リスク，機会をバリューチェーン全体を通じ運用レベルで評価・開示する（戦略B，リスク・インパクト管理A（ii）など）
③	時間を定めた，自然関連の依存・影響・リスク・機会に対するリスク評価を踏まえ，context-specificで科学的根拠に基づく目標を設定する。また，進捗を年次ベースで報告する	短期・中期・長期の時間軸を踏まえたリスク・機会分析を行い，また科学的根拠に基づく目標を設定する（戦略A，指標と目標C など）
④	事業全体にわたる目標達成に向けた計画を策定する。その設計と実施はrights-basedアプローチを優先し，影響を受ける先住民や地域コミュニティと協力して策定する。計画の進捗を年次ベースで公表する	組織の自然関連の依存，影響，リスク，機会評価において，影響を受ける先住民族や地域コミュニティおよびその他のステークホルダー組織の人権ポリシーとエンゲージメント活動について記述する（ガバナンスC）
⑤	経営陣による監視体制を設立し，自然関連の依存，影響，リスク，機会を評価する際のマネジメントの役割を開示する	自然関連の依存，影響，リスク，機会に関するマネジメントの役割を記述する（ガバナンスA~C など）
⑥	バリューチェーンを通じた主体を含めた外部の団体（業界団体，政策決定者，その他のステークホルダー）に対し，目標達成に向けた計画の実行に必要な環境を整えるよう働きかける	組織の自然関連のアドボカシーやロビイングに対するガバナンスと，自然関連のイニシアチブや政策・規制に関する公的機関へのアプローチについて記述する（ガバナンスC）

（出所）NA100 HPおよびTNFDガイダンスよりNRI作成

第5章

事業会社の動向

ネイチャーポジティブ対応が求められる中で，一部の企業は既に取り組みを進めています。フレームワークなどを踏襲する形での，自然関連の依存・影響やリスク・機会の分析がその一例です。分析結果をもとに，サプライチェーン全体の改革に向けて動く企業もあります。

また，自然資本や生物多様性への配慮を，消費者への価値訴求につなげるなど，自然関連の機会を活用する動きもあります。取り組みの高度化に向けて，ステークホルダーとの連携や，業界全体の巻き込みに動き企業も見受けられます。

本章では，国内外の事業会社による多様な取り組みについて紹介します。

１　資生堂

自然資本との関わりを，会社全体と特定の製品の２つの観点から分析

■資生堂は研究開発の観点に環境の尊重・共生を含める

資生堂は，スキンケア，メイクアップ，フレグランスなどの化粧品を中心とした事業を展開しています。

研究開発のアプローチの１つとして，「Premium/Sustainability」（製品の効果や上質なデザインや感触などから得られる満足感と，人や社会，環境への尊重・共生を両立させる）を掲げ，資源の有効利用や環境配慮，気候変動の緩和，さらには自然への影響の最小化に向けた循環型の容器包装，処方・成分，リサイクルモデルの開発などに注力しています。2023年５月には「2023 Shiseido Climate/Nature-related Financial Disclosure Report」として，気候変動とあわせた自然関連のリスク・機会の分析結果を公開しました。

これらのことから，資生堂はサステナビリティを事業上の重要な観点に含め，自然資本についても重視し，事業への反映を検討していると伺えます。

■ミクロとマクロの観点から自社が自然に与える影響を分析

以下に示すような資生堂の自然への影響の分析の進め方からは，事業全体のプロセスから分析するマクロな観点と，特定の製品・事業が生態系に与える影響の分析というミクロな観点の２つのアプローチから取り組んでいることが伺えます。資生堂の製品・ブランドの特長を考慮すると，ミクロな観点も資生堂にとって非常に重要になるため，両面から分析していると伺えます。

⑴　事業全体のプロセスから，依存・影響の大きい要素を特定，その影響の大きさを分析（マクロの観点）

資生堂は，2023年に化粧品を含むパーソナルケア産業の事業活動と深く関連する要素を特定し，その要素が生物多様性に与える影響を詳細分析しています。

初めに事業活動とかかわりの深い生態系サービスを特定した後に，気候変動等との関係性も考慮して抽出したテーマについて，さらに分析を深掘しています。分析の結果，生物多様性への影響が原材料調達段階に集中していること，その影響の多くが原料製造に使用される油糧作物や穀物などの素材作物の栽培

に伴う土地開発に起因していることを特定したうえで，原材料調達時の水資源利用，土地利用，生産事業所の生物多様性影響に絞って詳細分析をしています。具体的には，製品の原料と容器包装に用いる生物資源由来の原料について投入作物量の計算や，自社の生産拠点における生態系の状態を評価するなど，自社の生物多様性に与える影響をさまざまな角度から分析しています。さらに，2021年の原材料調達実績から花粉媒介者への依存度を年間約50億円であることを，FAOの手法を用いて算出しています（資生堂HPより）。

(2) 特定の領域の影響評価（ミクロの観点）

資生堂は2023年に，任意の生態系を水槽内に再現する技術を持つスタートアップ企業であるイノカと連携協定を締結しました。海水温の上昇をはじめ，想定される未来の環境変化のシナリオを水槽に再現し，日焼け止めの化粧品のさまざまな成分が，サンゴ礁を含めた生物など海洋環境全体に与える影響の評価を進めています（資生堂HPより）。

「サンゴの影響に配慮した日焼け止め」を発売し，製品単位で自然保護・生物多様性のメッセージを出している資生堂ならではの影響評価のアプローチではないかと伺えます。

《図表》自然資本への依存・影響の分析の観点

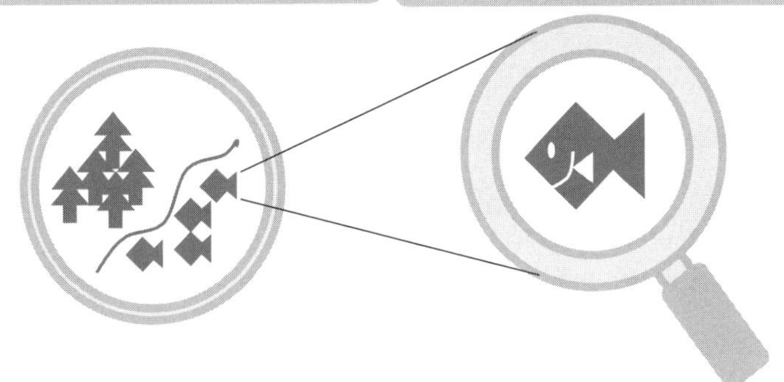
マクロの観点からの分析
事業活動の中から自然への依存・影響の大きいプロセスを特定，その活動の与える影響を分析
ミクロの観点からの分析
特定の生物・環境を対象に自社製品の与える影響を分析

（出所）NRI作成

2　KDDI

５GやIoT，ドローンを活かした自然資本の現状を把握する手法の確立を進める

■KDDIは，自社にとって自然資本がリスクのみならず機会でもあると見なす

KDDIは企業理念の中で「豊かなコミュニケーション社会の発展に貢献する」を掲げる，情報基盤を支えるインフラ企業です。

KDDIは，自然資本の喪失によって自社のバリューチェーンのリスクが増加すると懸念する一方，通信や IoT ソリューションなど，さまざまな技術を活用した事業を通じて環境課題の解決に貢献することが自社の持続的成長にもつながると捉えています（KDDI HPより）。

■通信事業の特性を考慮してリスクを分析

KDDIは，2023年に自然資本と自社のかかわりを分析しました。当年度は中期経営戦略の事業規模，自然資本への影響，評価可能性の観点から，事業領域の１つである通信事業を選定・分析しています。分析においては，まず通信事業を「携帯端末」「基地局」「通信ケーブル」「データセンター」に細分し，次に各バリューチェーン（原材料調達，製造，建設・設置，使用廃棄）の場所を整理しています。さらに通信事業の特性（広範囲に設備が設置・建設されている）を踏まえ，設置・建設においては自社の拠点に加え，そこに隣接した地域を含めて分析しています（KDDI HPより）。

事業を細分した詳細分析に加え，事業特性を反映した分析対象・粒度にすることで，分析の実効性を高めていると考えられます。

さらに，分析の結果，特定した影響に対して，財務影響の把握やリスク低減施策を実施しています（KDDI HPより）。

この点からも特定したリスクの対応策まで整理することで，取り組みの実効性を高めていることが伺えます。

■５GやIoT，ドローンを活用して持続的成長の「機会」につなげる

KDDIは「自然資本の観点を取り込み，早期にリーダーシップを発揮することで，先進的なサステナビリティブランドのポジション獲得につながる」と考

え，WEFの報告書「New Nature Economy ReportII The Future Of Nature And Business」等から自然関連の潜在的市場規模を分析し，自社の強みとの掛け算による事業アイデアを検討しています。

情報通信企業として5GやIoT，ドローンを活用した地域課題の解決への貢献にも取り組んでおり，自然資本関連では水上ドローンを活用したブルーカーボン自動計測システム構築，京都大学芦生研究林との生物多様性保全，生物情報可視化プラットフォームを提供するバイオームへの出資などにおいて，さまざまなステークホルダーと連携し，地域の環境保全に積極的に取り組んでいます。

自然資本は，資源・生物種ごとに計測方法が大きく異なることから，より正確に・効率良く現状把握するための手法の確立が非常に重要です。さらに，分析段階から地域と連携することで，分析の有効性を高め，地域の農業・漁業等へ活用しやすくなり，地域社会へのプラスの影響を高めると考えられます。

《図表》リスクと機会の分析・取り組みの特徴

リスク

- 通信事業の特性を考慮して，拠点とその隣接地域を含めて分析

機会

- 自社の強みとの掛け算から持続的成長につながる事業アイデアを検討

（出所）KDDI HPよりNRI作成

3　ブリヂストン

環境長期目標の観点から自然資本の影響を分析，取り組みを推進

■事業活動が与える影響を最小化，生態系の保全・復元等の貢献を拡大

ブリヂストンは，タイヤ事業をコア事業に，150を超える国と地域で事業を展開しています。近年では自動車業界の大変革（CASE）や人々の消費スタイルの変化を受け，ものづくり企業からビックデータ・IoTを用いたソリューションカンパニーへ変革の舵を切っています。

環境への取り組みとしては，2050年を見据えた環境長期目標「生物多様性ノーネットロス※」を掲げ，事業活動が与える影響を最小化しながら，生態系の保全・復元等の貢献の拡大を進めています。

■生物多様性ノーネットロスの考え方に基づき，自社の事業活動と生物多様性の関係性を分析，重要課題を特定

ブリヂストンは，自社バリューチェーンの各プロセスにおいて，自然資本への依存・影響および貢献を分析して，重要な課題を特定しています。2023年に行った分析ではタイヤ事業において，主要原材料である天然ゴムの供給に関連する自然サービスだけでなく水利用に関して依存・影響が高いことを特定しています。貢献については，例えば原材料調達段階でのリサイクル原材料の利用拡大など，商品ライフサイクルの各段階で取り組みを進めています。

環境長期目標の枠組みに沿って，自然への影響の最小化に向けた分析に加え，貢献の拡大に向けて既に活動していることから，取り組み意義や積極性が社外からも理解しやすい点が優れていると考えられます。

■IoTを活用して「貢献の拡大」を最大化する

ブリヂストンは貢献の拡大について，ソリューションカンパニーとしての強みを生かして実効性の高い取り組みを進めています。

例えば，AIを活用した画像解析とドローンの空撮画像を活用したパラゴムノキの病害診断の提供，ビックデータを活用したパラゴムノキの植林計画の最適化等，ビックデータを活用した土地利用の負荷軽減が挙げられます。

また，インドネシアの天然ゴム農園周辺の森林の回復や，タイでの植林・自然林の回復，米国での自然保護エリアの寄付・生息地保全活動，欧州・インドでの環境教育等，日本に限らず，自社の事業が影響を与える地域ごとの課題を考慮した取り組みを推進しています。

《図表》生物多様性ノーネットロスの考え方

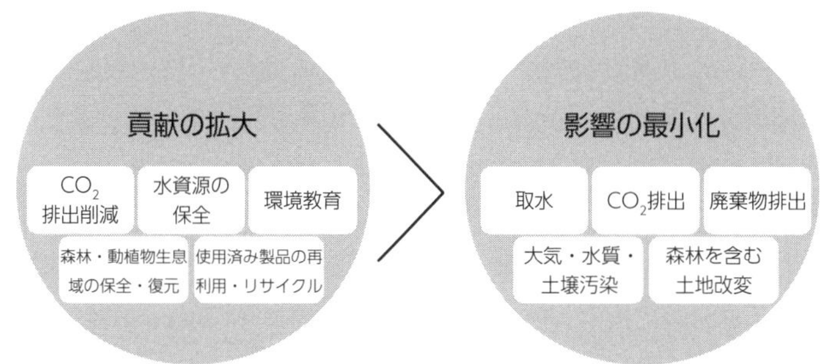

※生物多様性ノーネットロス：事業活動が与える生物多様性への影響を最小化しながら，正味の損失をなくす貢献活動を行うことで，「自然と共生する世界」の達成に貢献する取り組み

（出所）ブリヂストンHPよりNRI作成

《図表》事業活動と生物多様性の関係性マップ

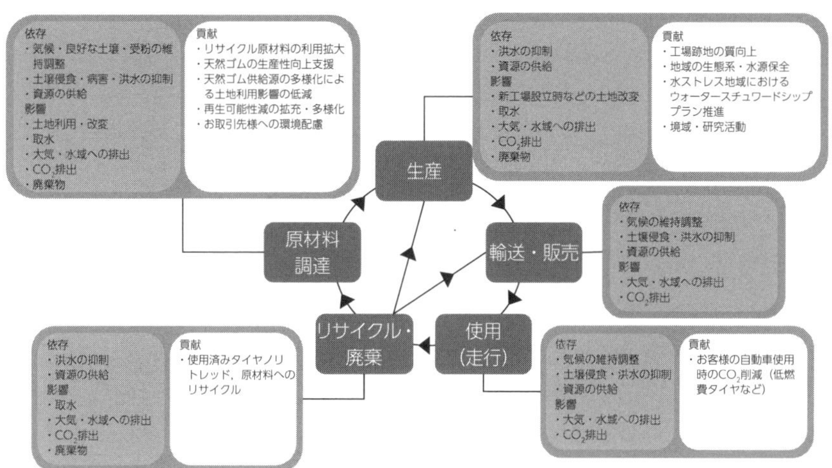

（出所）ブリヂストンHPよりNRI作成

4　日清食品HD

「ネイチャーポジティブ」を推進し，2050年「カーボンニュートラル」を目指す

■カーボンニュートラルとネイチャーポジティブを両輪で推進

日清食品HDでは，ネイチャーポジティブに向けた活動を推進することで，2050年までにCO_2排出量と吸収量をプラスマイナスゼロとし，カーボンニュートラルの達成を目指しています。日清食品グループは，原材料に関する環境負荷の低減や，生産工程で廃棄される食材のアップサイクルによる資源の有効活用のほか，即席麺の製造に使用するパーム油の生産地における森林再生活動など，ネイチャーポジティブに向けたさまざまな活動に取り組んでおり，中でも森林破壊リスクが高く，自社製品において使用量が多いパーム油生産のESGリスク低減に積極的に取り組んでいます。

■衛星モニタリングツールを用いた森林破壊リスクの把握

日清食品HDではサプライヤーの位置情報を集約し，パーム油のミルリストを作成し，トレーサビリティの向上に努めています。さらに衛星モニタリングツールを用いて，パーム油のミルや，その周辺の油ヤシ農園が位置するエリアの森林や泥炭地の破壊リスクの検証を進めています（日清食品HD HPより）。

この評価により，リスクが高いと判断されたミルは，油脂加工メーカーと事実関係を確認のうえ，状況改善に向けた対応策を検討するフェーズへ移行します。状況改善に向けた具体的な施策としては，外部専門家とともに実施するアンケート・ダイアログを通じた現地調査による，生産地の環境確認や労働者の人権に対する影響のモニタリングが行われます。日清食品HDは，サプライチェーンの最上流のアブラヤシ農園までのトレーサビリティを2030年までに確保することを目指しており，農園が環境と人権に配慮したパーム油製造をできるよう，今後さらなるサプライヤー支援を進める方針です（日清食品HD HPより）。

■パーム農家とのダイアログによるESGリスクの把握

パーム油生産におけるリスク把握のために，日清食品HDでは衛星を利用したモニタリングだけではなく，サプライヤーである農家との直接の対話による

状況把握も推進しています。

2023年３月には，インドネシア現地にて小規模パーム農家約20名とダイアログを実施しました。このダイアログでは，事前アンケートの結果を基に農園運営・環境・人権の３テーマについて意見交換をし，ESGリスクについて確認しました。

ダイアログの結果，調査を行った小規模農家において，人権侵害や環境破壊など喫緊の対応が求められる課題はありませんでした。しかし，農園経営の総費用の約６割を占める肥料の値上がりが懸念事項として挙がりました。また，トラクターなどの運搬車両を保有していない農家は，アブラヤシの納品を仲介業者に頼らざるを得ず，手元に残る利益が目減りしていることもわかりました。こうした経済面における課題は，将来的に人権侵害や環境破壊といったリスクにつながる可能性があります（日清食品HD HPより）。

日清食品HDでは，調達先農家との定期的な対話により，データ上だけでは確認できない潜在的なリスクの特定を進めることができ，実効的な改善施策の検討を可能にできると筆者は捉えています。このように，すべての原材料について一度に対応を進めるのではなく，自社事業へのインパクト・自然へのインパクトの両側面が大きいとされる製品から，優先的に調達先へのコミットメントを進めていく企業も多くみられます。

《図表》持続可能なパーム油調達に向けたコミットメント

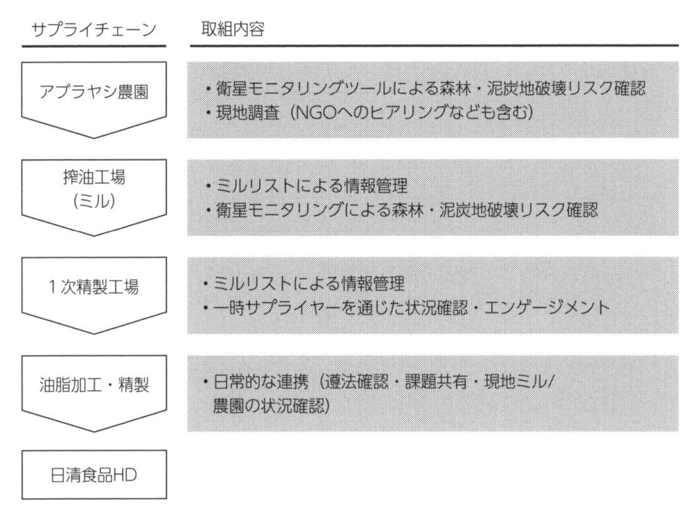

（出所）日清食品HD HPよりNRI作成

5　キリンHD

長年のサプライヤーエンゲージメントの実績があるスリランカの紅茶葉生産地に対象を絞ってLEAPアプローチを実施し，生物多様性へのコミットメントを進める

■キリンのTNFD開示推進

キリンHDは，TNFDのLEAPアプローチに沿った事業活動による自然への依存・影響の分析を進めています。その中でも長年サプライヤーエンゲージメントを行ってきた実績があり，自然への依存度も高い紅茶生産に対応ターゲットを絞った優先的な対応を進めています。

これまでに行ってきている自社の自然関連の対応状況を整理し，過去の経験から実行しやすいコモディティ，またはセグメントから対応実施を進めることで，自社に蓄積されたノウハウを生かした自然資本対応が可能となると筆者は考えています。

■スリランカの紅茶農園に対するLEAP分析とサプライヤーへのエンゲージメント

キリンビバレッジの主力商品である「キリン 午後の紅茶」は，発売より30年以上スリランカの紅茶葉を使い，その事実をマーケティングにも利用しており，原料生産地への依存度が高くなっています。現地とコミュニケーションを取りアプローチできる対象であることから，スリランカの紅茶葉生産地について，LEAPを使った評価を実施しています。

この分析の結果，対象として分析した10農園の多くが，固有種が多数生息している山地熱帯雨林や低熱帯雨林に位置し，近隣に国立公園や保護区が位置しているにもかかわらず，生物多様性の保全に貢献する有効な対策がないことがわかりました。

これら対象地域への対応策の１つとして，キリンHDでは2013年から継続しているより持続可能な農園認証取得支援のトレーニングによって自然資本へのインパクトの緩和に寄与できる項目が多くあり，スリランカの自然資本の課題の解決に有効であると判断しています。紅茶葉の栽培では，水と土壌は品質を支える依存度の大きい要素であり，分析の結果でも，水の利用や化学肥料・農

薬利用を通じて，生産地の自然に影響を与えていることが判明しました。2021年にスリランカ政府が「スリランカを世界初の有機農業100％の国にする」と宣言しましたが，適切な有機肥料が用意されておらず，米の生産量が半減するなど，農業が大きな影響を受けました。この際も，有機肥料の利用に知見を持つレインフォレスト・アライアンスが，大きな影響を受けないような支援を紅茶農園に実施しています。キリンHDが提供する認証取得のためのトレーニングでは，適切な農薬や肥料の使い方を学ぶことができるため，土壌汚染や劣化，生態系への影響を軽減し，単位面積当たりの収量を上げることが可能です。

キリンHDでは，紅茶農園認証取得支援の経験を活かし，2020年から認証取得支援を行っているベトナムのコーヒー農園でも，今後同様のLEAPアプローチによる分析・評価を行っていくことを考えています。

このように，長年にわたり取り組みがあり，原料生産地ともコミュニケーションを取り合ってアプローチできる調達地域から自然資本のリスクと機会の分析にLEAPアプローチを適用していくことで，他のコモディティでの対応展開の際にもゼロからのスタートではなく，対応方針や評価後の取り組みについて勘所を押さえた状態で臨むことができる有効な手段の１つであるといえます。

《図表》スリランカ紅茶農園認証取得数推移

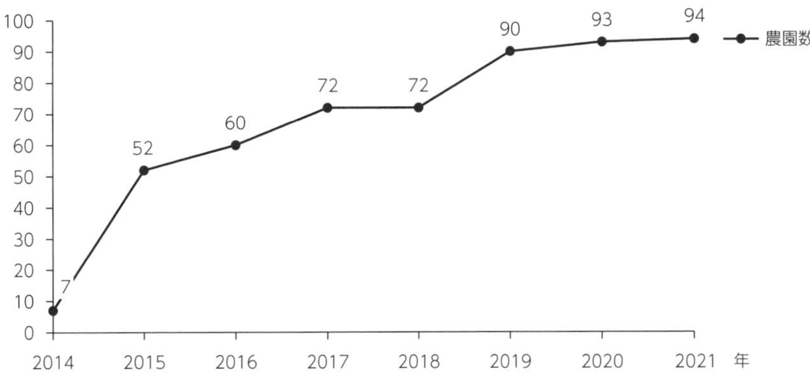

（出所）キリンHD HPよりNRI作成

6　日本製鉄，神戸製鋼所，JFEスチール

副産物である鉄鋼スラグを「自然に還元」し，海の生態系を再生

■鉄鋼セクターにおけるサステナビリティ課題

近年の鉄鋼セクターにおいては，ネイチャーポジティブに先行するサステナビリティテーマであるカーボンニュートラル対応が喫緊の対応となっています。経済産業省によると，日本の産業部門別CO_2排出量のうち3分の1を製造業が占めており，さらに製造業の中では鉄鋼業が3分の1を占めています。こうした背景の中，「グリーンスチール」化が国内外を問わずセクター全体で進められていると伺えます。

■副産物を利用した自然の回復に資する取り組み

ネイチャーポジティブ関連では，製鉄工程で発生する「副産物」である鉄鋼スラグを活用した，自然の回復に資する取り組みが行われています。鉄は植物の光合成などに必須な微量元素であり，生態系の底辺を支える植物プランクトンの増殖において重要な元素です。そのため，森林減少による河口からの鉄分流入量の減少は，沿岸域の生物多様性を減少させることが知られています。その結果として，水産業における漁獲量の減少といった問題も顕在化しています。いわゆる「磯焼け」と呼ばれる現象です。

こうした課題に対して，鉄鋼スラグを海岸の汀線に設置することで，波や潮の干満によって鉄鋼スラグ中の鉄分は海中に供給され，生物多様性の増加につながると考えられます。

神戸製鋼所は，兵庫県や沖縄県においてスラグにより海域における環境修復の実証試験を行っています。兵庫県沿岸で行った実証実験では，鉄鋼スラグを組み合わせた鋼製藻場魚礁の沈設後に，藻類の繁茂や魚の回遊といった成果が確認されたことを神戸製鋼所は報告しています（神戸製鋼所HPより）。

日本製鉄は，鉄鋼スラグと廃木材チップを発酵させた腐植物質とを混合することで生成するフルボ酸鉄が，海藻類の成長促進に有用であることに着目し，北海道増毛町において藻場再生の実証事業を行いました。鉄鋼スラグと腐植物質を混合した施肥ユニットを設置して8か月後の調査では，施肥エリアにおけ

る単位面積当たりのコンブ生育量は，施肥しなかったエリアと比較して100倍以上に及ぶなど，良好な成果が示されたと日本製鉄は述べています（日本製鉄HPより）。

JFEスチールは，鉄鋼スラグを生物着生基盤材などの用途向けに製品化しています。鉄鋼スラグに炭酸ガスを吸収させてできた炭酸固化体は，海藻やサンゴの着生基盤材として使用できると述べています。鉄鋼スラグの水和固化体も同様に，海藻着生基盤材としての用途に加えて，漁礁としての活用により，豊かな海づくりに貢献するものとJFEスチールは位置付けています（JFEスチールHPより）。

これらは，枯渇性資源である鉄を豊富に含んだ副産物を自然に還元，あるいは基盤材として活用することでネイチャーポジティブに貢献している取り組みであり，事業とのシナジーが高い事例であると筆者は考えています。

《図表》製鉄工程で発生するスラグを活用した海の生物多様性の向上への貢献

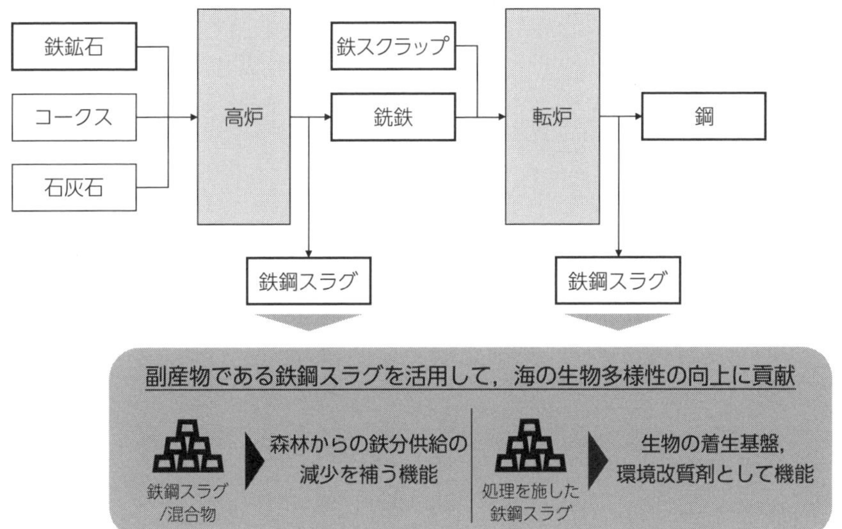

（出所）各種公開情報等よりNRI作成

7　Spicelink

顧客を巻き込んだサーキュラーエコノミー型ビジネスモデルによって，素材を自然に還元することで自然の再生に貢献

■Web３ネイティブアパレルブランド「PIZZA DAY」を展開

Spicelinkは，ブロックチェーン技術を用いた分散型インターネットであるWeb３の思想や技術を用いた事業を展開しています。アパレル領域では，「Web３×ウール」により環境課題に取り組むことを目指した「PIZZA DAY」というブランドを立ち上げています。PIZZA DAYのデジタルメンバーシップは，ポリゴンチェーン上で作られたメンバーシップ型NFT（Non-Fungible Token）であり，ブランドが提供する会員限定コミュニティへのアクセス権や，製品開発への参加・投票権などが付与されるとSpicelinkは述べています。さらに，「環境に良い行動に対するインセンティブ付与による行動促進」といったRegenerative Finance（再生金融）の一環として，NFTベースのロイヤリティプログラムの2024年中での導入を目指しています（Spicelink HPより）。

このように，顧客の行動変容をインセンティブ付与によって促す仕掛けや，顧客の声を製品開発に取り込むスキームとしている点などは非常に興味深いものであると筆者は考えています。

■高品質かつ土に還元可能な素材であるウールへのこだわり

PIZZA DAYのＴシャツの特徴は，ウール（羊毛）100％を素材としていることだとSpicelinkは説明しています。ウールにもこだわっており，ニュージーランドの豊かな自然環境で育てられたメリノ種の羊毛のうち，ヨーロッパのラグジュアリーブランドで使われることが多い細く希少な繊維を用いています。製糸以降の工程は，RWS（Responsible Wool Standard）認証を取得している日本毛織の岐阜工場で行われています。RWS認証は，原料生産から最終製品の製造まで，すべての工程で責任ある管理がなされていることを証明する国際的な認証基準です。つまり，農場における羊の飼養管理においても，周囲の生物多様性や羊の動物福祉への配慮が行われています（PIZZA DAY HPより）。

品質や生産工程へのこだわりに加えて，製品ライフサイクルの終着後における素材の循環にもコミットする予定です。具体的には，2024年から顧客が着古

したＴシャツを回収し，土に埋めることで肥料として自然に還元するプログラムを開始することをSpicelinkは表明しています。地中のウールはバクテリアの働きによって窒素，リン，硫黄，マグネシウム等の元素になります。Ｔシャツの縫製過程で生じた余り生地についても，日本毛織との連携により肥料化を進めています。この肥料ワイン用ぶどう畑で使用される予定です（PIZZA DAY HPより）。

■顧客を巻き込んだサーキュラーエコノミー×ネイチャーポジティブによるブランド価値の訴求

アパレル業界では，大量生産による生産コストの低減と，販売機会損失の最小化といったビジネスモデルそのものに指摘が集まっています。Spicelinkの取り組みは，サーキュラーエコノミー型のビジネスモデルを通じてネイチャーポジティブに資するものだと筆者は捉えています。衣類の回収においては顧客によるコミットメントが重要となりますが，SpicelinkはWeb３によるメンバーシップ型NFTで顧客との継続的な接点を保有しているものと考えられます。

《図表》Web３による顧客接点および自然の機能を活用した素材の循環

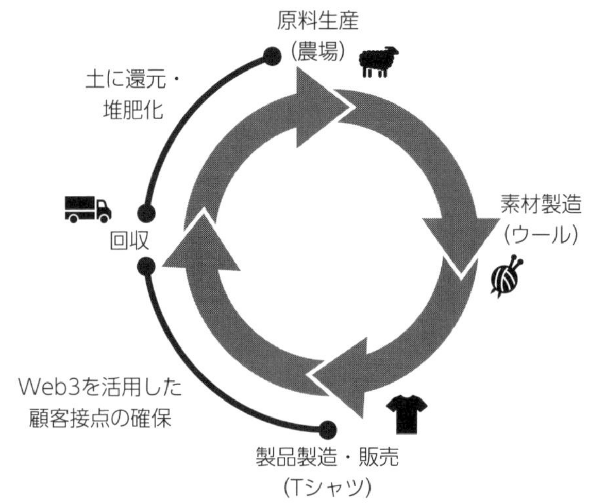

（出所）NRI作成

8　明治HD

各製品の依存・影響を精査したうえで，カカオ生産における生物多様性への対応を推進

■自然への依存や影響が大きい原料に焦点を当てる

明治HDはTNFDのLEAPアプローチに沿った事業活動による自然への依存・影響の分析を進めており，その中でも特に依存・影響関係が強い原材料について対応を推進しています。

本項では，カカオ豆の生産における明治HDの取り組みについて紹介します。

■明治HDのカカオ調達に対するLEAPアプローチ

明治HDはTNFDフレームワークののLEAPアプローチを活用して，明治グループの主要なカカオ生産地（13拠点）における自然への依存・影響の評価，ロケーションごとの分析，その結果を踏まえたリスク評価をしました。その結果，カカオ豆の生産における依存や影響関係が一因となり，自然状態および生態系サービスの変化を引き起こす可能性があると特定しました。その変化によって物理的リスクや移行リスクが発生し，明治グループに財務的影響を及ぼす恐れがあるとし，カカオの持続可能な調達に向けた対応施策の検討と推進を行っています（明治HD HPより）。

■評価内容の事業・付加価値への落とし込み

明治HDでは，LEAPアプローチの結果をもとに，以下のような事業における持続可能な調達活動を推進することで，評価内容を事業活動に反映しています。

⑴　細胞培養スタートアップへの出資

米国のカカオ細胞培養農業スタートアップであるCalifornia Cultures Inc.に出資を開始しました。California Cultures Inc.はカカオの細胞から直接，カカオ粉末，チョコレート，カカオバターを開発しており，カカオ生産による温室効果ガスの排出や森林伐採に関わる課題の他，世界のカカオの約70％を供給している西アフリカ諸国のカカオ農家で横行している児童労働などの問題を一掃する一助として今後活用が広がることが期待されています。明治HDは同社の

細胞農業技術に自社の知見をかけ合わせることで，持続可能な原材料調達と機能性商品の共創を目指しています（明治HD HPより）。

⑵ 持続可能なカカオ農法への転換とブランド化

カカオの生産における森林伐採・環境破壊や生物多様性の損失という重大な社会課題に対処するため，森をつくる農業である「アグロフォレストリー農法」に取り組んでいます。「アグロフォレストリー農法」とは，アグリカルチャー（農業）とフォレストリー（林業）を掛け合わせた造語です。森林伐採後の土地に自然の生態系にならった農林産物を共生させながら栽培する農法のため，自然へのダメージが少なく，持続的に長期間の土壌利用が可能になります（明治HD HPより）。

明治HDはこの農法で作られたカカオ豆をカカオます中に使用したチョコレートを「アグロフォレストリーチョコレート」としてパッケージなどにこだわり，ひとつのブランドとして販売しています。このチョコレートは「森をつくるカカオ」と称して商品紹介の特設サイトも設けられています。このような取り組みを通じて，持続可能な原料調達を，消費者に付加価値として訴求していると筆者は捉えています。

《図表》カカオ生産における自然関連リスクの発生と事業の考え方

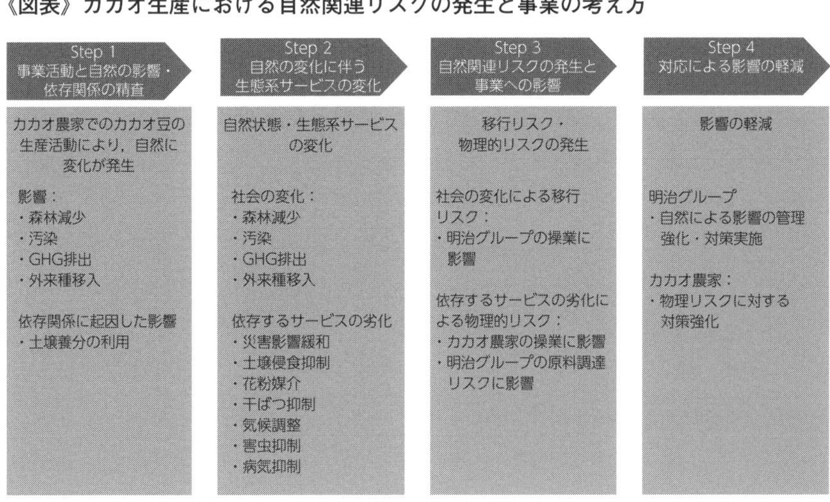

（出所）明治HD HPよりNRI作成

9　花王

自然資本への対応において，消費者の観点を考慮した分析，取り組みを実施

■生態を理解・考慮することで最適なソリューション・製品につなげる

花王は，生活者向けの日用品を扱う事業と，産業界のニーズにきめ細かく対応した製品を扱う事業を展開する大手消費財メーカーです。

「サステナビリティ以外の退路を断ち，「未来のいのちを守る会社」として，人，社会，地球に貢献することをめざしていきます」と宣言していることから，経営においてサステナビリティの重要性が高いことが伺えます。自然資本の考え方も既に経営方針に含まれています。例えば自社の貢献領域を「生命」「生活」「生態」と定め，この3領域を深く知ることが未解決課題への最適なソリューション・製品につながるとしています。また，花王の株主になるメリットの1つとして，自社への投資が環境・社会貢献に結び付くと説明しています。このことから，環境貢献がステークホルダーの共感を呼び，企業価値向上につながる考え方が伺えます。

■消費者の動向を強く意識した，自然資本の分析

花王は2023年4月にいち早く，生物多様性と事業の関わりを分析しました。

花王の分析の特徴は，自然・経済・社会等のマクロ環境の将来シナリオを複数パターン作成し，シナリオごとに花王が属する業界・事業で想定される重要な変化を具体化した点です。自然資本の分析のなかで，日用品における市場変化も考慮した点からは，消費者を重視する花王らしさが伺えます。さらに，事業戦略に反映しやすい形で整理されており，事業活動に自然資本を考慮していることが伺えます。

■環境に配慮した植物原料を利用

実際に花王は，最も関わりの大きい自然資本であるパーム油に関し，森林破壊ゼロの調達をめざした「ハイリスクサプライチェーンからの調達」を策定しています。

この取り組みでは，花王グループで使用するパーム油について，2025年まで

にRSPO認証油（第三者保証）に100％切り替えを目指しています（花王HPより）。

さらに花王は，サプライチェーンの透明性を高めるため，サプライヤーから定期的に最新のトレーサビリティ情報を入手し，自社サプライチェーンにつながるミルリストを公開しています。2023年12月時点では，パーム搾油工場（パームミル）99％，パーム農園87％においてトレーサビリティを確保しています。

■生活者参画型の資源循環の取り組みを推進

花王では，生活者を巻き込んだ資源循環の活動にNPO，ライオン，自治体等と協働して2016年から取り組んでいます。この活動は，生活者と協力し，洗剤などの使用済のつめかえパックを回収，再生樹脂に加工，ベンチなどを作成，リサイクル材を使用したつめかえパックを限定発売するなど，市民生活に役立つものへと還元するものです。生活者と共に資源循環に取り組むことは，花王の魅力向上にもつながると捉えられます。

《図表》花王の貢献する領域

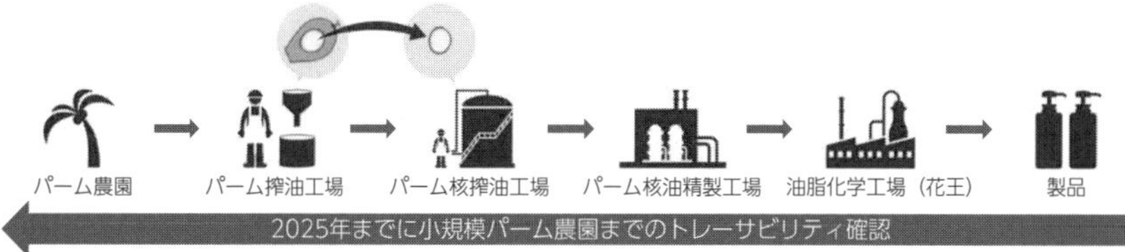

（出所）花王HPよりNRI作成

10　旭化成

地域コミュニティとの関係構築を強化し，植生の記録と生物多様性保全を推進

■「まちもり」アクションによる地域植生の発展と保護への寄与

旭化成は生物多様性に配慮し，生物多様性保全に関するガイドラインに定め，生物資源の持続可能な利用と事業活動と生物多様性の関わり把握に努めているほか，生物多様性に配慮した事業活動を行うよう，従業員の意識啓発も進めています（旭化成HPより）。

さらに30by30の自然共生サイトとして自社保有の森林「あさひ・いのちの森」が認定されるなど，LEAPアプローチによる自社の生物多様性への依存・影響分析にとどまらない，自社と生物多様性の関わり調査を進めています。その中でも，生物多様性保全に向け，旭化成が独自に取り組んでいる活動が「まちもり」アクションです（旭化成HPより）。

「まちもり」アクションとは，全国の旭化成の事業所において，植物社会学的手法による地域区分を行い，地域植生に配慮した植栽などを行う活動です。この植栽は「まちもり」ポットと称され，植栽を行った後の植生の記録と，その植栽を訪れた動物の記録・撮影を行い情報発信していくことで地域の自然発展に貢献しています。同活動は2019年より開始されており，現在では全国の事業所で地域植生の発展と保護促進に寄与しています（旭化成HPより）。

■同地域に事業所を持つ企業と連携した地域事業全体に関わる生物多様性保全への取り組み

「まちもり」アクションに端を発した旭化成による事業地域の生物保全活動はさまざまな広がりを見せています。守山製造所は，地下水をくみ上げ工業用水として利用しています。設備の間接冷却水として利用した地下水は水質監視を行い，排水として周辺の河川に放流しており，この放流水は農業用水としても利用されることから，地域の農業や水辺のいきものに欠かせない水となっています（旭化成HPより）。

このような背景を踏まえ，旭化成では生物多様性と事業活動が深く関係している「水」をテーマにした生物多様性保全活動を進めており，2015年度からは，

絶滅のおそれがある淡水魚「ハリヨ」の生息域外保全活動を開始しました。守山製造所内の休転工事に合わせて保全池の池干しとハリヨの生息状況調査を行い，継続した保護増殖活動に取り組んでいます（旭化成HPより）。

2016年度からは滋賀県に事業所を持つ企業や地域と協働でビオトープを用いたトンボの保全活動を開始しました。2022年度は，従業員とその家族を対象としたビオトープでの観察会を実施し，専門家の解説やサポートを得ながら，池や水路に生息するマイコアカネを捕まえ観察するなど，楽しみながら生物多様性保全活動を知る機会を提供しており，地域事業に関わる自然に対する従業員の行動促進・意識啓発につなげています。さらに，同年の地域事業協同保全の成果として，マイコアカネの産卵，ヤゴ，羽化，成虫の各段階を確認することができ，これは前年にコンテナビオトープで羽化したマイコアカネが，ビオトープに定着した証となることから地域コミュニティ・地域事業者共同での活動が着実な成果を見せていることが判明しました（旭化成HPより）。

このように，地域の生物多様性保護に関わる取り組みを他社と連携して行うことで，インパクトの増大と実施コストの低減両面を叶える保全活動が可能となると筆者は考えています。

《図表》「まちもり」アクションの実施フロー

Stage1：設置する	Stage2：観察する	Stage3：発信する	Stage4：発展する
・「まちもり」ポットを設置 ・「まちもり」ポットの説明を掲載 ・植物を適切に管理	・幹の太さと樹高を記録 ・花や果実，紅葉等を記録・撮影 ・「まちもり」ポットに来た動物を記録・撮影 ・自然にエバ恵田草木を記録・撮影	・事業所内外に対して，動植物の観察記録や写真等を積極的に情報発信	・他の地域への取り組み拡大 ・他の事業所内外のイベント等とコラボレーション

（出所）旭化成HPよりNRI作成

11　積水ハウス

顧客とともに「緑のネットワーク」を住宅地に構築。生物多様性および人の健康に与えるポジティブな影響を定量化し，Well-beingに貢献

■「緑のネットワーク」構築に向けた長年の取り組み

積水ハウスは，日本全域で都市の住宅地に緑のネットワークを作ることを目指し，2001年から「５本の樹」計画を推進しています。これは「３本は鳥のために，２本は蝶のために，地域の在来樹種を」というコンセプトのもと，一般的な造園に用いられる園芸樹種や外来樹種ではなく，その地域の鳥や蝶などと相性の良い在来種を中心とした植栽を行うものです。こうしたコンセプトに賛同する顧客の住宅敷地内への植栽を進め，2022年度で累計本数は1,900万本にも及びます（積水ハウスHPより）。

■生物多様性保全の効果を科学的に実証

2019年からは，構築した緑のネットワークが生物多様性保全に与えた効果の検証を，琉球大学久保田研究室・シンク・ネイチャーと共同で行っています。シンク・ネイチャーは「日本の生物多様性地図化プロジェクト：J-BMP」を管理運営しており，これを用いて樹木本数や樹種，位置情報の蓄積データを分析し，定量的な評価を実現しました（積水ハウスHPより）。

その結果として，住宅地に約２倍の種類の鳥を呼び込む効果や，約５倍の種類の蝶を呼び込む効果が示されました。これらの効果をもたらした基盤として，地域の在来種の樹種数も約10倍になったことも積水ハウスは報告しています。こうした取り組みや成果は「ネイチャー・ポジティブ方法論」として積水ハウスは公開しており，「世界初の都市の生物多様性の定量評価の仕組み構築，実例への適用」と述べています（積水ハウスHPより）。

全国規模で多くの「点」を構築し，それらを「線」としてつなげて「ネットワーク」化したことは，この取り組みを語るうえでの大きなポイントと筆者は捉えています。加えて，植樹がもたらす効果を科学的に定量評価したことは，ネイチャーポジティブの時代においては財務価値化につながるものであるとも考えています。

■生物多様性の向上が人の健康に与える影響の定量化にも着手

2022年には，積水ハウスは都市の自然環境や生物多様性が人の健康や幸せに対してもたらす効果検証に関する研究を，東京大学と共同で開始しました。植生の有無あるいは量と，人の健康や幸せの関係性に着目した研究はこれまでにも報告されていますが，生物多様性におけるこのような研究は世界でも類を見ないものであると積水ハウスは述べています（積水ハウスHPより）。

具体的には，生物多様性が豊かな庭における身近な自然との触れ合いが，居住者の自然に対する態度・行動および健康に及ぼす影響が総合的に検証される予定であることを積水ハウスは明らかにしています。これは，単に植生があるだけではなく，生物多様性を豊かにする質の良い植生が庭にあることの重要性を導き出すものであると述べられています（積水ハウスHPより）。

積水ハウスは，こうした科学的・定量的な実証を進めることで，生物多様性保全および顧客の健康や幸せといった提供価値を訴求していくものと考えられます。

《図表》植栽がもたらすWell-beingへの貢献

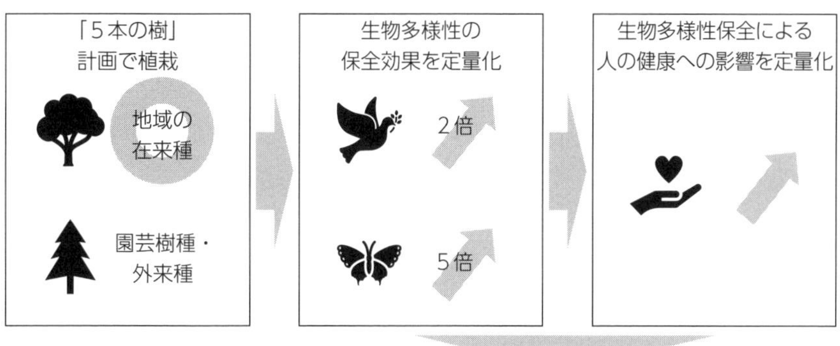

（出所）積水ハウスHPよりNRI作成

1　On

すべての製品において消費者を巻き込んだ循環型社会を目指す

■ミッションはすべての製品が化石燃料から脱却し循環型となる未来

スイス発のスポーツブランドであるOnは，起業から14年の時が経ち，今では世界60カ国以上で展開するブランドへと成長しています。

Onは，すべての製品が化石燃料から脱却し循環型となる未来をミッションとして掲げています。スイスのエンジニアリングを結集し，人にも地球にもポジティブな変化をもたらす最先端テクノロジーを追求しています。素材には最先端のリサイクル素材やバイオベースの素材を用いる一方，加工しても品質が変化しにくい素材を使用するため，自社研究だけではなく，原材料イノベーションの分野をリードする複数の企業とのパートナーシップを組み，研究を進めています。

2021年に世界で初めて排出炭素を原料とし高性能な製品に変えることを目標とした性能フォーム「CleanCloud™」の開発に成功し，2023年11月に最初のコレクションを発表しました。今後の目標として，2024年までに全コットンに対するオーガニック，リサイクル，石油フリーのコットンの使用率100％を掲げています（On HPより）。

■サブスクモデルと他社と差別化した訴求により消費者を巻き込んだ循環を実現

循環を実現するためには，素材の研究だけでなく，消費者の巻き込みが不可欠となります。消費者から靴を回収しなければ，100％リサイクルは実現できません。そこで，Onは6カ月ごとにシューズを交換する月額3,380円のサブスクリプションプログラム「Cyclon™」を提供することで，すべての商品をリサイクル商品として回収し，消費者を含む循環型ビジネスモデルを構築しています。一般的なランナーの場合，新品を使用開始してから6カ月が替え時の目安とされており，その時期に合わせたサブスクリクションモデルです。本製品のテーマは「Run, Recycle, Repeat」と打ち出されています。

さらに，消費者への魅力訴求活動として，「The shoe you will never own（あなたのものには決してならないシューズ）」とした広告を打ち出しており，シューズを回収する袋にも「You're in the loop（あなたは循環サイクルの中に)」という文言が記載されています。

最近ではシューズだけでなく，同様の素材で作られたランニング用のＴシャツも販売しています。シューズとは異なり，これ以上着られない状態になったら回収を申し込むことでリサイクルされる仕組みです（On HPより)。

これは，消費者自身がサステナブルな仕組みの一部であることを強調し，顧客体験価値を向上させることで消費者からの共感力を高めることにつながっているといえます。さらにこの訴求方法は他社製品との差別化にもつながり，フットウエア業界の市場規模が頭打ちである中，さらにコロナ渦で大手ブランドの売上が減少した中でも，Onは売上が減少することなく急成長を遂げた一因であるといえるでしょう。

本事例は，シューズのみに限らず，他社と差別化された消費者への魅力訴求を通じて循環型ビジネスを実現している好事例であると筆者は捉えています。

《図表》消費者を巻き込んだ循環型ビジネスモデル

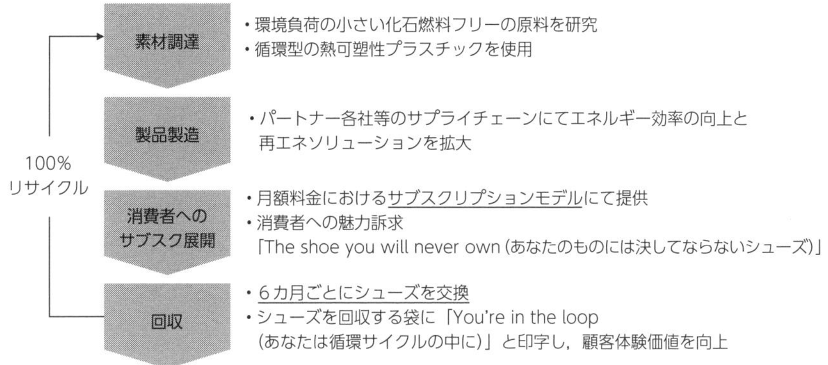

（出所）On HPよりNRI作成

2　LanzaTech

微生物により排ガス・廃棄物を資源として再生

■微生物を用いた独自技術により，排気ガスからエタノールを製造

LanzaTechは，米国イリノイ州に本社を持つバイオ技術会社です。産業排気ガスを原料としてエタノールを製造する微生物発酵技術を核として，これまで多くの大企業との提携により技術および事業を発展させています。排気ガスに含まれるCO_2やCOを炭素源として，化学触媒や熱・圧力を用いずに製造したエタノールを，さらに付加価値の高い炭素化合物に変換する技術開発も進めています（LanzaTech HPより）。

低炭素化を強く要求されている航空業界が着目するバイオジェット燃料が一例です。2014年に三井物産から戦略的出資を受けて以降，バイオジェット燃料の事業化・量産化を進めています。他にも例えば，エタノールはエチレンを経てプラスチックに変換することもできます。これまでは化石資源を原料として製造されてきたこうした素材を，排気ガスから製造することが可能です（三井物産HPより）。

■一般廃棄物や産業廃棄物も原料として活用し，炭素循環型経済の構築を目指す

ごみ処理施設に収集された可燃性ごみをガス化・精製し，エタノールに変換する技術も，積水化学との共同開発により確立しています。ブリヂストンとの協働では，使用済みタイヤを原料とした技術開発にも取り組んでいます。使用済みタイヤから製造したエタノールは，容器包装プラスチックやポリエステル糸，界面活性剤の原料に変換して利用することが構想されています。また，タイヤの主な材料の１つである合成ゴムの粗原料となるブタジエンを，微生物によって使用済みタイヤから製造することも目指しています。

このように，さまざまな廃棄物中に含まれる炭素を取り出し，新たに燃料や素材を製造することは，高度な炭素循環型経済の構築につながるものです。カーボンニュートラルやサーキュラーエコノミーの観点で，こうした取り組みは高く評価され，これまで注目されてきたものと筆者は考えています。

■ネイチャーポジティブの達成にも大きく貢献するポテンシャルがある

GHGおよび非GHGの汚染物質を含む排気ガスを原料とすることは，排出量の削減につながり，自然への負の影響を低減することになります。一般廃棄物や産業廃棄物においても同様と伺えます。

また，エタノールへの変換にあたって熱や圧力を必要としないことは，バイオ技術による製造方法の特徴であり，これまで主流であった化学プロセスによるモノづくりと比較した大きな利点です。エネルギー投入量が小さく済むことで，エネルギー生産におけるさまざまな自然への依存と影響を回避することができると筆者は考えています。

サーキュラーエコノミーはネイチャーポジティブ実現のための手段として機能することは先述したとおりですが，LanzaTechの技術はまさにその代表例です。ネイチャーポジティブの主流化により，このような技術が今後ますます重要性を増すものと考えられます。

《図表》LanzaTechのバイオ技術による炭素循環

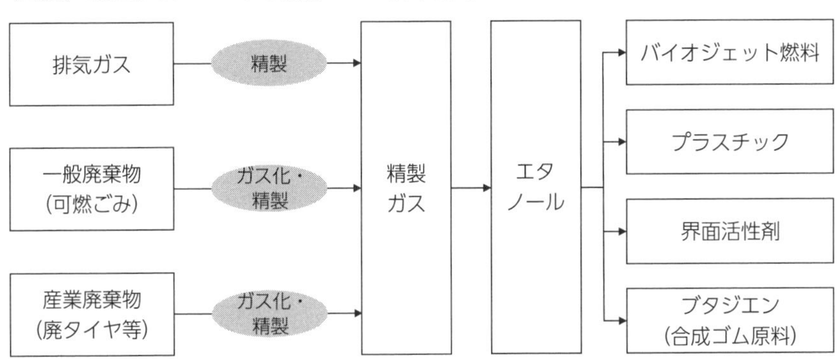

（出所）各社HPよりNRI作成

3　Nestlé

森林保護から森林を増加させる「フォレスト・ポジティブ」へと戦略を移行し，事業における生物多様性の保全取り組みを加速

■ネスレの森林に重点を置いた生物多様性への取り組み

ネスレでは，生物多様性の急速な減少を極めて重大な問題として認識しています。ネスレEVP兼オペレーション部内責任者であるバタト氏は，「2050年に世界の食糧需要を満たすためには，農業生産量を2013年の水準から1.5倍増やす必要がある。この課題を解決するためには，自然の生態系を保護し，未来のために森林を回復させることがこれまで以上に重要だ。森林の再生戦略は，地球の水システム，土壌の健全性，炭素貯留を再生する鍵である」と述べています（ネスレHPより）。

この危機認識から，ネスレは森林の回復に重点を置いた戦略を策定し，具体的な事業施策に落とし込んでいると筆者は捉えています。

■「フォレスト・ポジティブ・ストラテジー」

ネスレは，森林を保護するだけではなく，森林を回復させ，森林の成長を支援すること，さらに新たな森林に対して積極的にアプローチすることによる，持続可能な生活と人権の尊重推進を「フォレスト・ポジティブ・ストラテジー」として宣言しました。この計画は，ネスレが10年に渡って取り組んできた主要な森林リスクが高い原材料における森林伐採をなくすための活動に基づいて設計されています。ネスレは森林伐採ゼロを達成するために，サプライチェーンのマッピング，認証，現地検証やグローバル・フォレスト・ウォッチのような森林破壊状況を衛星でモニタリングできるツールを活用してきました（ネスレHPより）。ネスレは今後，コーヒーとカカオのサプライチェーンにおいても2025年までに森林破壊ゼロを達成することを計画していますが，これらの新たな原材料の森林破壊ゼロ達成においても，衛星データの利用が重要な役割を担っており，原料調達地域での衛星データを活用したリスク評価の実施を拡大させています（ネスレHPより）。

ネスレではフォレスト・ポジティブを達成するためには農業生産と森林保護

の調和が不可欠であるとしています。そのため，人権を尊重しながら森林保護・回復に積極的に取り組むサプライヤーからの原材料購入を重視し，そのようなサプライヤーからのプレミアム価格での商品購入や，再生農業を促進する小規模農家への投資を行っています。また，世界のフォレスト・フットプリントをモニタリングし，将来的なリスク地域のサプライヤーへ直接対話を行い，予防策を講じるなどの対策も進めています。これらのアプローチによる森林保全・管理が，地域コミュニティと密接な関わりを持つため，ネスレでは先住民族と地域コミュニティの権利尊重にも積極的に取り組んでいます。土地の権利を認識し尊重することは，持続可能なサプライチェーンとフォレスト・ポジティブな未来を実現するための重要なステップであり，ネスレにとって顕著な人権リスクでもあります（ネスレHPより）。

このことから，ネスレは土地評価ツールを用い，地域農場の事業評価を実施しています。これは法令順守や地域社会との関わりなど，サプライヤー事業の土地権利リスクをより詳細に評価することができるもので，事業地域内のコミュニティの権利を確保するための土地利用計画の策定に役立ちます（ネスレHPより）。

このようにネスレでは，農民や地域社会の人々の生活を向上させながらフォレスト・ポジティブの実現を推進する，人と自然一体での環境改善施策の実施に貢献しています。

《図表》「フォレスト・ポジティブ・ストラテジー」の主要３要素

I. サプライチェーンにおける森林破壊ゼロ	II. サプライチェーンにおける長期的な森林保護と回復	III. 持続可能な景観
・農場評価や認証，衛星モニタリングツールを用いて100%森林破壊のないサプライチェーンを達成・維持する -2022年：パーム油，砂糖，大豆，食肉，パルプ・紙にて達成 -2025年：コーヒー・カカオにて達成を目指す	・先住民族と地域コミュニティの権利を尊重しつつ，森林を維持し，劣化した森林と自然生態系を回復するための積極的な行動を促進する	・原材料調達を行う主要なランドスケープを将来に向けて変革するために，フォレスト・ポジティブに関わる活動を，規模を拡大して実施する

（出所）ネスレHPよりNRI作成

4　Walmart

自然と人類をビジネスの中心に据えた企業になることを目指し，サプライヤーを巻き込んだネイチャーポジティブの取り組みを推進

■より持続可能な商品生産の促進

ウォルマートは再生可能な企業を目指し，自然と人類をビジネスの中心に据えた企業になることを目指しています。そのために，ウォルマートでは自社で扱う調達製品別に調達目標を細かく規定しており，調達先までを巻き込んだ，サプライチェーン全体での行動変容とネイチャーポジティブ活動の促進に取り組んでいます。

ウォルマートの調達チームは再生可能なサプライチェーン達成に寄与する製品を調達するよう努めており，自然に由来する商品について，ポジション・ステートメントを掲げることで，サプライヤーへ自社の期待を明確に示しています。ポジション・ステートメントでは，自社のビジネスにおける森林，草原，および海洋生態系の重要性，そしてこれらの生態系を保護・管理，回復するための実践方針を示しているほか，自社の各製品の調達要件が示されており，設定された調達要件・目標に沿ってウォルマートの各商品の調達方針が決定されています。

例えば，ブラジル産の牛肉や大豆製品については，ブラジルを拠点とする食品生産チェーンのトレーサビリティを専門とする企業を利用して，最近伐採された土地や転換された土地で生産されたものでないことを確認しています（ウォルマートHPよりNRI訳）。

また，持続可能な調達行動の促進に向け，ウォルマートはトレーサビリティ向上に役立つ検証ツールや技術開発にも積極的に投資を行っています。その１例が，グローバル・フィッシング・ウォッチ（GFW）です。GFWは，海洋の公正で持続可能な利用を可能にするため，最先端技術を駆使して海洋における人間活動に関するデータを収集し，公開情報として共有するデータプロバイダーです。ウォルマートはGFWに対し，水産物サプライチェーンにおける強制労働と違法漁業のリスクを軽減するための，太平洋地域の政府，産業界，市民社会パートナーとの共同での課題へのアプローチ推進体制構築を支援しており，助成金付与等の投資を進めています（ウォルマートHPよりNRI訳）。

■自社の独自プロジェクトを活用したサプライヤーエンゲージメントと進捗報告の奨励

ウォルマートではサプライヤーに対し，自然を保護・管理し，回復させるための取り組みを奨励する活動も進めており，サプライヤーのための自社独自のプラットフォームである，プロジェクト・ギガトンを設立しました。

プロジェクト・ギガトンは，エネルギー，廃棄物，包装，輸送，製品使用とデザイン，そしてそれらに関連する自然という6つの行動領域において，2030年までにグローバル・バリュー・チェーンから1ギガトンの温室効果ガス（GHG）排出を削減・回避するようサプライヤーを動機づけることを目的としたプロジェクトです。発足以来，5,200社以上のサプライヤーが本プロジェクトに署名し，2023年度現在，そのうちの4,100社以上がSMART目標を設定しています。このプラットフォームでは，サプライヤーが目標を設定し，報告するための計算ツール，ベストプラクティス・サプライヤーによるワークショップなどの学びの機会，追加リソースへのキュレーションリンクなどのリソースを提供しており，サプライヤーの意欲的な取り組みの促進とその進捗状況の報告を奨励しています（ウォルマートHPよりNRI訳）。

このように，ウォルマートでは自社主導でのサプライチェーン改革を推し進めており，自社サプライヤーの行動変容を着実に進めています。

《図表》ポジション・ステートメントに基づいた各調達製品の指標・目標と取り組み進捗（一部抜粋）

目標	指標	FY2022	FY2023
全社目標			
2030年までに少なくとも5,000万エーカーの土地と100万平方マイルの海洋の保護、より持続可能な管理、回復を支援する	保護、より持続可能な管理、回復に取り組む土地の面積	1100万エーカー	3000万エーカー
	保護、より持続可能な管理、回復に取り組む海洋の平方マイル	120万平方マイル	140万平方マイル
持続可能な商品生産促進			
ウォルマートのサプライヤーに、自然保護目標の進捗状況を報告するよう促す	'Project Gigaton を活用し、自然に関する取組を報告するサプライヤーの数	550	800
海洋コモディティ			
生鮮・冷凍シーフード 2025年までに特定地域のウォルマートのは持続可能であるという第三者認証取得にむけて取り組みを進めている水産物/漁業サプライヤーからの調達を徹底する	サプライヤーからの報告に基づく、より持続可能な方法で調達された生鮮・冷凍魚介類、天然魚介類、養殖魚介類の割合	WUS: ~99% ※1 SAM: ~99% WCAN: 96% WMEX: 82% WCAM: 76%	WUS: ~96% SAM: ~99% WCAN: 93% WMEX: 89% WCAM: 71%

※1　Walmart U.S. = “WUS”; Sam’s Club U.S. = “SAM”; Walmart Canada = “WCAN”; Walmart Mexico = “WMEX”; Walmart Central America = “WCAM”; Walmart Chile = “WCHL”; Walmart China = “WCHN

（出所）ウォルマートHPよりNRI作成

5　スターバックス

リソースポジティブを実現する調達，消費者と一体となった店舗での取り組み

■リソースポジティブの考えに基づいて事業を展開

スターバックスは，コーヒーストアの経営，コーヒーおよび関連商品の販売をする米国の企業であり，日本においても大手カフェチェーンとして事業を展開し，2023年12月時点で1,901店舗を出店しています。

スターバックスは，2020年にサステナビリティに関する方針として「2030年までにCO_2排出量，水使用量，廃棄物量50％削減」を掲げ，地球から得る以上に還元量を増やす「リソースポジティブ」の考えに基づき，５つの戦略を進めています（スターバックスコーヒージャパンHPより）。

■業界を主導するサステナブルな調達基準を設定

スターバックスは上記を掲げる以前から，業界を主導したサステナブルな取り組みを進めています。例えば2004年に定めたエシカル調達の独自の認証プログラム「C.A.F.E.（Coffee and Farmer Equity）プラクティス」は，公正で透明性がある取引はもちろん，生産者とそのコミュニティ，自然環境，自社と顧客，全員が幸せであり続けることを目指し，国際環境NGOコンサベーション・インターナショナルとともに定めたものです。例えば，本プログラムを構成する４要素のうち「環境面でのリーダーシップ」として，以下の取り組みを進めています（スターバックス コーヒー ジャパン HPより）。

⑴　コーヒー栽培や加工における，水質や土壌，生物多様性の保護，化学農薬の利用削減，水やエネルギーの使用量削減など，持続可能な農業の実践を推奨

⑵　天然林の農地転換，使ってはいけない殺虫剤の使用を禁止

⑶　日陰をつくるための樹木や豪雨の際に土壌の侵食を防ぐ

これらの取り組みからは，スターバックスがいち早く生物多様性を含む環境配慮と生産の持続性を両立した調達に取り組んでいることが伺えます。

■消費者対面の資源循環の取り組みを推進

スターバックスは，日本の各店舗においても資源循環に資する取り組みをさまざまな観点から進めています。

例えば，プラスチックを含む廃棄物の利用量削減の取り組みとして，2020年1月の紙製ストロー全店舗導入を皮切りに，2021年4月には23品目をFSC®認証紙カップとストロー不要のカップで提供開始，2023年3月より店内で繰り返し使えるグラスでの提供を始めています。

さらに一部の店舗では，豆かすをリサイクルした堆肥で育った野菜をサンドイッチの具材などに使用しています。2021年6月には不要になったプラスチック製タンブラー・ボトル・カップ・マグを回収し，新製品をつくるリサイクルプログラムを実施しました（スターバックス コーヒー ジャパン HPより）。

スターバックスは取り組みの多様さ，取り組みを始める早さに加え，それらを積極的に発信し，消費者と一緒に取り組むものへと位置づけることで，取り組みの推進力を高めていると考えられます。さらに，消費者と一緒に取り組むことがブランドの魅力向上にもつながっていると捉えられます。

《図表》リソースポジティブに向けた5つの戦略

1. 植物由来の食品の選択肢を増やし，より環境に優しいメニューへ移行する
2. 使い捨て包装から再利用できる包装に変更する
3. サプライチェーンにおいて，革新的で再生可能な農法や森林再生，森林保全，水の補充に投資する
4. 店舗と事業に関連するコミュニティの両方において，廃棄物を管理するためのより良い方法に投資し食品廃棄物の再利用，リサイクル，除去をより確実にする
5. より環境に配慮した店舗，運営，製造，配送へ革新する

（出所）スターバックスHPよりNRI作成

6　Apple

自然を活用した気候変動の緩和に取り組む

■自然を活用した気候変動の緩和

Appleは2021年から，「Restore Fund（再生基金)」という取り組みを行っています。これは，「大気中から二酸化炭素を削減することを目指している森林プロジェクトに直接投資を行うことで，投資家は金銭的なリターンを得るというもの」です（Apple HPより)。

Appleのこの取り組みは，NbS（Nature-based solutions）の１つといえます。NbSは，「社会課題に効果的かつ順応的に対処し，人間の幸福および生物多様性による恩恵を同時にもたらす，自然の，そして，人為的に改変された生態系の保護，持続可能な管理，回復のため行動」（IUCN）と定義される概念です。この環境の課題には気候変動も含まれており，IPBESの報告書では，世界全体の気温上昇を２℃未満に抑える目標を達成するため，2030年までに必要な気候変動緩和策の37％をNbSが占めるとされています。また，生物多様性に関する国際目標であるGBFでも，ターゲット８の中で言及されています。

またAppleはこの取り組みについて，二酸化炭素削減以外に，「実現可能な財政モデルを提示することにより，森林再生に向けた投資活動を拡大すること」も目的としています（Apple HPより)。

GBFでは，2030年までに年間2,000億ドルの資金をあらゆる資金源から動員することが目標になっており（ターゲット19），その達成のための要素には，生物多様性クレジット等の革新的なファイナンススキームや，気候ファイナンスとのシナジーが含まれています。

Appleの取り組みは，効果的・経済的に自然・気候の課題に対処するものとして，国際目標に寄与・整合するものと筆者は考えます。

■外部と連携した質の確保

AppleはRestore Fundについて，Conservation Internationalとファンドレベルの戦略策定や投資の意思決定で連携した他，同組織がプロジェクトレベルのデューデリジェンスを実施し個々の投資がIFC（International Finance Corporation）のパフォーマンススタンダードやFSC認証基準文書（Forest

Stewardship Council Principles and Criteria), UNFCCC (United Nations Framework Convention on Climate Change) のセーフガード等の国際的な基準に基づく厳格な環境・社会基準を満たすことを確認しています (Apple HPより)。

また「プロジェクトの影響を正確にモニタリングおよび測定するため, Appleは, Space Intelligenec社のCarbon and Habitat MapperやUpstream Tech社のLensプラットフォーム, Maxar社の高解像度衛星画像など, 革新的なリモートセンシング技術を導入し, プロジェクトエリアの生息域および森林炭素マップを構築」しています (Apple HPより)。

自然に限らず, 環境に関する取り組みは, 適切に実施しなければ意図した効果は発揮されず, グリーンウォッシュとなってしまいます。Appleは他企業と協力して質を担保しており, NbSの好事例の1つと筆者は考えます。

《図表》Restore Fund diligence process

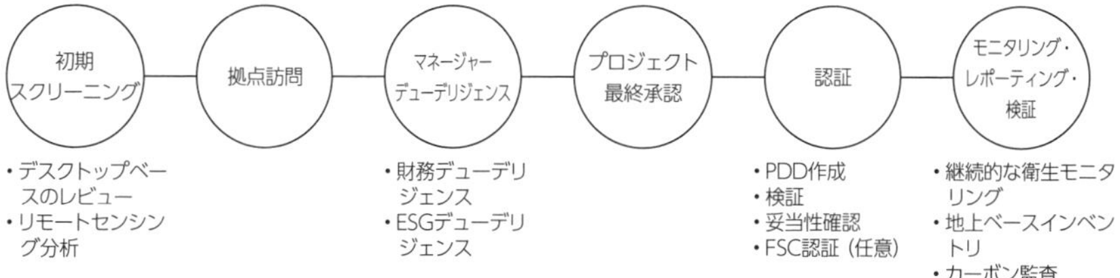

（出所） Apple HPよりNRI作成

7　Olam

ステークホルダーと連携しサプライチェーンの改革に取り組む

■ステークホルダーとの連携

コーヒー・カカオ等の農産物を扱うOlamは，ステークホルダーと連携してサプライチェーンの上流についてさまざまな取り組みを行い，また自社の自然とのかかわりを定量的に示しています。

OlamはUSAID（United States Agency for International Development）等とのパートナーシップを2022年に設立し，５年間で，ガーナやコートジボワールにある４か所のココア農家やその近辺について，生息地や生物多様性の保全，森林破壊の削減，樹木による炭素貯留の拡大を実施するとしています（Olam HPより）。

また，コンゴ民主共和国では，FSC認証を取得しており，210万ヘクタールの自然林を持続可能な形で管理しつつ，ベストインクラスのReduced Impact Loggingを実施しており，その結果，SPOTTによる評価（サプライチェーンの透明性等）において，2022年の木材・パルプランキングで１位となりました（Olam HPより）。

サプライチェーンの観点は自然資本対応の中で非常に重要です。特に，サプライチェーンの最上流で最も自然に対する直接的な影響が大きいとされており，さまざまな農業関連のコモディティを扱うOlamは，影響が大きいと想定される箇所に適切に対応していると筆者は考えます。

■Olamの統合開示とIIS（Integrate Impact Statement）

後者の自社と自然との関りについて，OlamはIISという方式で，財務だけでなく，自然資本を含むその他の資本についても開示をしています。

IISでは，自然資本について，損益として「Enhancements：自然資本・事業への自然資本の貢献（NC，NCC）」，「Deteriorations：操業による負の外部性」を環境フットプリントのメソドロジーを用いて計算しています（Olam HPより）。

2022年の年次報告書ではGHGや水についてIISで評価をしており，GHGの固定化で約64万ドルの正のインパクトが計上された一方，GHG排出による負のインパクトが大きく，GHG関連の自然資本コストは約1,775万ドルのマイナスになるとしています。また水利用についても，約182万ドルのマイナスとしています。

このIISについてOlamは，自社の操業や将来的に財務的なリターンを創出するために依存する資本の長期的な持続可能性を評価するのに役立つとしています（Olam HPより）。

TNFDでも自社の自然への依存・影響・リスク・機会や財務との関係性を考えることが重要とされていますが，Olamの取り組みは企業全体としての自然との関係と財務への影響を定量的に把握し，将来の意思決定や透明性の向上に資するものとして，１つの好例といえると筆者は考えます。

《図表》IISにおける自然資本コスト損益の例

項目の概要		GHGの場合		
自然資本コストを環境フットプリントのメソドロジーで計算		5か国，10のココア農家について，GHG関連の自然資本コストを評価		
			FY2020	FY2021
収入 (Enhancements)	自然資本・事業への自然資本の寄与に対する正のインパクト	GHGの固定 (アグロフォレストリー)	$691,143	$642,692
損失 (Deteriorations)	自然資本・事業への自然資本の寄与に対する負のインパクト	GHG排出 (土地利用変化)	$-15,041,808	$-15,125,497
		GHG排出 (穀物残渣管理)	$-2,357,184	$-2,152,865
		GHG排出 (苗・木の植え付け)	$-554,207	$-623,350
		GHG排出 (肥料の使用)	$-439,994	$-494,823
自然資本コスト損益	自然資本・事業への自然資本の寄与に対する正味のインパクト	自然資本コスト損益	$-17,697,050	$-17,753,743

（出所）Olam HPよりNRI作成

8　Holcim

IUCNと開発した評価指標を用い，定量的な目標を設定

■ステークホルダーと連携した指標・目標の開発

オランダに本拠を置くセメント企業のHolcimは，2030年までに，自社の採石場において，自然のエコシステムと近隣のコミュニティの生息地の保護を促進することで，科学的根拠に基づく指標に裏づけされた形で測定可能な正のインパクトを生み出すとコミットしています（Holcim HPより）。

この測定について，HolcimはBiodiversity Indicator and Reporting System, BIRSと呼ばれる，International Union for Conservation of Nature（IUCN）と共同で開発した科学的な手法を用いるとしており，2024年までにベースラインの生物多様性レベルを測定するとしています（Holcim HP，NRI訳）。

BIRSは「企業の土地保有全体について，全体としての生物多様性に対する適切性の水準を評価する仕組み」で，「セメント・骨材セクターを念頭に設計」されており（IUCN），量（Quantity）×質（Quality）×重要性（Importance）により拠点の生物多様性指標が計算されます（Holcim HPより）。

TNFDのガイダンスでは，科学的根拠があり，定量的で，時間軸のある目標を設けることが求められています。生物多様性の分野では評価指標の欠如や比較可能性が問題とされていますが，外部と協力しつつ，自ら指標を開発・説明していくことは，１つの手段になると筆者は考えます。

■ミティゲーション・ヒエラルキー

SBTNでTarget Setting（Step３）の後に，Act（Step４）が存在するように，目標設定の後はそれを実現するための具体的な対応策が必要になります。この対応の優先度について，Holcimはミティゲーション・ヒエラルキーに基づくとしています。

ミティゲーション・ヒエラルキーとは，自然に対する影響を削減する際，まず影響を回避することから始め，次に最小化し，最後にどうしても残ってしまう部分に対して自然の回復でネットするという考え方です。IFCのPS６で示されており，SBTNのStep４でも，ミティゲーション・ヒエラルキーやそれを拡張したコンサベーション・ヒエラルキーを基にしたAR３Tというフレームワー

クを用いています（SBTN HPより）。

Holcimでは，Avoidで「世界遺産やIUCN I, IUCN IIで宣言された保護地域で新規の拠点設置や採掘を行わないことをコミット」し，Offsetで「法的に求められた場合，地域のインパクトを反転できない場合に実施する可能性がある」等としています（Holcim HPより）。

Holcimのこうした取り組みは，ミティゲーション・ヒエラルキー実践の1つの好事例と筆者は考えます。

《図表》AR３Tの概要

項目	概要	TNFDにおける例示
Avoid	・ネガティブなインパクトが発生すること自体を防ぐ ・ネガティブなインパクトを完全に排除する	・再生水を利用し，取水しなくてよいようにする。 ・モニタリングやパトロール，すべての木材・非木材製品の森林利用の規制を通じ，違法伐採を防ぐ
Reduce	・完全には排除できないネガティブなインパクトを最小化する	・技術変化，行動変容による水利用の効率化を通じ，水使用量を削減する ・農業において，肥料や農薬をより効率的に利用する
Regenerate	・既存の土地，海洋，淡水の利用において，生物物理学的な機能，生態系の生態学的な生産性の向上のために設計された取り組みを行う。	・外来種の栽培や攻撃的な固有種の除外 ・食料生産の焦点を，土地のエンハンスに転換する（有機農業，持続可能な生産，リジェネラティブ農業など）
Restore	・（自然の）状態の恒久的な変化に注目し，エコシステムの健康，統合性，持続可能性などに関する回復を引き起こす／加速させる	
Transform	・（自然の）状態の恒久的な変化に注目し，エコシステムの健康，統合性，持続可能性などに関する回復を引き起こす／加速させる	・水利用の削減，nonpoint source pollutionの削減など，デザイナーの行動に影響を与える ・環境・社会に対するコストや健康な土地の便益の観点で，単なる面積当たりの収量だけでなく，栄養価値などより広範な価値を含めるような形で企業のアウトプットを測定するメソッドを開発・適用する。

（出所）TNFD ガイダンスよりNRI作成

9　Kering

将来のあるべき状態（Moon Shot）に向けて達成されるべき目標を設定し，CEO自らがリードして業界全体を巻き込み

■CEO自らが先導してMoon shotに向けて業界全体をリード

Keringは，「Global 100 most sustainable companies」に度々選定されています。選定されている背景には，CEO自らが先導する姿勢があると筆者は捉えており，その代表例が国際イニシアチブ「THE FASHION PACT」の発足です。

THE FASHION PACTは，「we are a non-profit organization forging a nature-positive, net-zero future for fashion, through CEO-led collaboration. Launched as an initiative by French President Emmanuel Macron, The Fashion Pact began as a call to action to fashion CEOs to rally and build a courageous collective to address the industry's environmental impacts.（NRI訳：CEO主導のコラボレーションを通じ，ネイチャーポジティブかつネットゼロのファッションの未来を築く非営利団体です。ファッション業界の環境への影響に対処するために，ファッション業界のCEOが結集し，勇気ある集団を構築するための行動を呼びかけることとして始まりました。）」と公表されており，Keringはその中心で推進していました。

ネイチャーポジティブにおいては，「Support zero deforestation and sustainable forest management by 2025.（NRI訳：2025年までに森林破壊ゼロと持続可能な森林経営を支援する）」など，具体的な定量目標を設けており，業界全体をリードし続ける存在となっていると筆者は捉えています（THE FASHION PACT HPより）。

■「達成できる目標」ではなく「達成されるべき目標」を公開し，ステークホルダーを巻き込み

Keringのサステナビリティ戦略の特徴として，ボトムアップ式での「達成できる目標」ではなく，「達成されるべき目標」を起点としていることが挙げられると筆者は捉えています。例えば，「2025年までに主要原材料のトレーサビリティを100％にする，2025年までに宝石や時計以外の他の主要な原材料に

ついてもサステナブルな調達を100%にする」と説明しており，達成されるべき状態を目標として掲げています。

さらに，Keringは目標を測定するために，「グループの事業活動による環境負荷を測定および定量化する，革新的なツールを開発しました。EP&Lは，サプライチェーン全体にわたるCO_2排出量，水使用量，大気汚染，水質汚染，土地利用，廃棄物量を測定し，Keringグループの事業活動によるさまざまな環境負荷を可視化，定量化，比較検討できるツールです。ラグジュアリー業界だけでなく他の業界にもEP&Lのメソドロジーを広めることで，サステナビリティ向上という目的に向けたビジネス全体の活動を推進しています。」と説明しています（Kering HPより）。

高い目標を掲げることのできる背景には事業規模の大きさに起因したサプライチェーンへの影響力があることは確かですが，高い目標設定を行うことで事業への投資も進み，共感してもらえるステークホルダーが増え，自社取り組みを加速させることに成功している好事例といえると筆者は捉えています。

《図表》環境損益評価ツール「EP&L」

	原材料生産	原材料の加工	製品の生産	縫製	物流
大気汚染	15	5	5	3	9
GHG排出	83	24	25	12	28
土地の利用	154	1	3	3	2
廃棄物処理	3	3	12	5	7
水利用	20	3	5	3	10

（出所）Kering HPよりNRI作成

10　Dow Chemical

自然に基づくビジネス価値創出に向け，アウェアネス向上やアドボカシー活動に積極的に取り組む

■自然がいかに持続可能な事業価値の源泉になり得るかを自社事業で実証

Dow Chemicalは米国に本拠を置く化学メーカーであり，「素材科学の専門知識とパートナーとのコラボレーションを通じて世界にサステナブルな未来を築く」をパーパスとしています。サステナビリティ戦略の１つとして，2011年，Dow Chemicalは国際環境NGOのザ・ネイチャー・コンサーバンシー（TNC）と手を結び，「Valuing Nature」ゴールを立ち上げました。このゴールは，2025年までに自然に基づくプロジェクトを通じて最低10億ドルのビジネス価値を生み出すことです。このゴールを立ち上げて以降，Dow Chemicalは自然を価値ある資源として捉えてビジネス活動に統合することで，自然とビジネスの間で相互有益な価値を創出することに成功しています。自然ベースのソリューションは，持続可能で効果的な手法であり，水の浄化や洪水管理，さらには気候変動への対応など，従来の灰色インフラに代わるまたは補完する形で利用することが可能であると公表しています。

Dow Chemicalはこの目標を達成するために，６つのステップにて取り組みを進めてきました。まずはビジョン・ゴールを定め，社内外を巻き込みながら自社の事業を拡大し評価するプロセスを回すことで着実に成果を出しています。特出すべきは，ビジネス上の決定に自然資本を適用することの経済的機会を従業員に理解してもらうために，内部のアウェアネス向上や企業文化の変革に力を入れている点です。トップダウンの指示だけでなく，従業員が自発的に行動できるように浸透活動に力を入れています（Dow Chemical HPより）。

■ビジネス上の意思決定に自然保護を取り入れようとしている組織を支援するため，自社ツールや学習で得たファクトをオープン化

Dow Chemicalは多数のアドボカシー活動を実施しており，その代表例が，ECOFAST™ピュアサステナブルテキスタイルトリートメント技術およびその応用のオープンソース化です。この技術は受綿花の染色に必要な資源の数を劇的に削減する技術であり，水の使用量を最大50％削減，常温染色でエネルギー

を最大40%，化学薬品を最大90%削減することが可能となります。

Dow Chemicalは，ビジネス上の意思決定に自然保護を取り入れようとしている他の企業や組織を支援するため，ラルフローレン・コーポレーションとともにこの技術について，詳細なマニュアルを発表し，オープンソース化しています。この活動を通じ，繊維業界全体での採用を促進するとともに，環境へプラスの影響をもたらすサステナブルで効率的な綿繊維染色システムの標準化を支援しています（Dow Chemical HPより）。

本事例は，ゴール・ビジョンを明確に持って自社事業に先行投資しつつ，業界全体の底上げを積極的に行っている好事例であると筆者は捉えています。

《図表》自然に基づくビジネス価値創出に向けたステップ

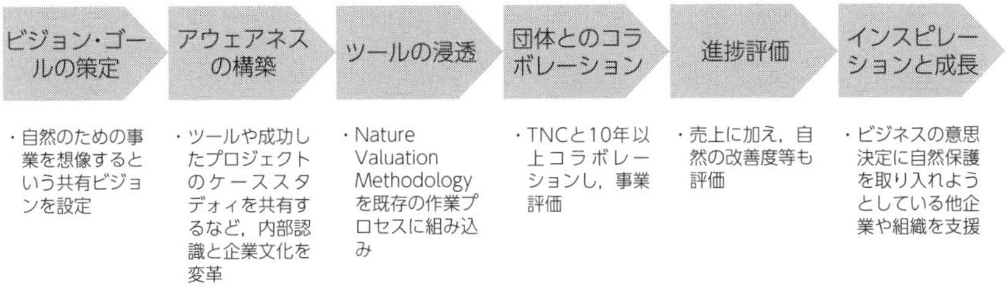

ビジョン・ゴールの策定	アウェアネスの構築	ツールの浸透	団体とのコラボレーション	進捗評価	インスピレーションと成長
・自然のための事業を想像するという共有ビジョンを設定	・ツールや成功したプロジェクトのケーススタディを共有するなど，内部認識と企業文化を変革	・Nature Valuation Methodologyを既存の作業プロセスに組み込み	・TNCと10年以上コラボレーションし，事業評価	・売上に加え，自然の改善度等も評価	・ビジネスの意思決定に自然保護を取り入れようとしている他企業や組織を支援

（出所）Dow Chemical HPよりNRI作成

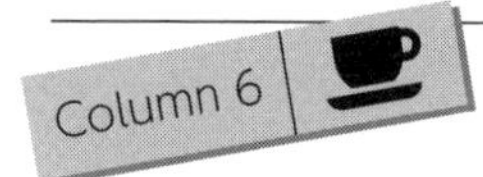

音響解析編

企業のネイチャーポジティブを後押しするデジタル技術の活用

■デジタル技術の活用による自然・生物のモニタリングの効率化

ネイチャーポジティブの実現に向け，自社の事業活動や保全活動等が自然・生物多様性に対しどのような影響を及ぼすのかなど，継続した観察や測定（モニタリング）が必要となることも予想されます。人手による自然・生物のモニタリングは相当な労力を要しますが，デジタル技術を用いれば広範囲にわたる効率的なモニタリングが可能となります。

本コラムではモニタリングに活用可能なデジタル技術として，「音響解析技術」と「画像解析技術」の２つを紹介します。

■音響解析技術を活用した自然関連リスクの低減

音響解析技術を活用すれば，森林などに設置したレコーダーに収録された音のデータを解析して特定の種類の生物の生息を推定できます。具体的には，時間・周波数ごとの音響成分の強さのパターン解析によって得られる「サウンドスペクトログラム」に生物の発する音の特徴が表れます。特定の種のサウンドスペクトログラムを学習させたAIを用いれば，収録したデータに対象の種の鳴き声が含まれるかどうかを推定できます。夜間や悪天候時においても継続してモニタリングできることから，時間帯によって変化する生物の活動状況の変化を捉えることも可能です。

例えば海外の鉄道事業者は沿線の生物多様性の保全の取り組みの一環として，音響センサーやカメラによる遠隔での生物のモニタリングを試みています。同社は鉄道路線を中心に広大な用地を管理しており，希少な野生生物が生息している地域もその対象に含まれます。そのため生物多様性に配慮した沿線の維持が欠かせません。しかし，広大な沿線を対象に生物の生息状況を把握するのは簡単ではありませんでした。鳥類やコウモリを対象として行った音響解析によるモニタリングでは，33台の音響センサーを用い，3,000時間分の収録データを解析，音声から種を特定し，種の場所別の発生状況を分析しました。今後はモニタリングの対象範囲と対象種を増やすとともに，沿線の自然環境が国内の生物多様性に及ぼす影響を評価し，鉄道会社の保全や管理の改善を検討していく計画です。

また，海外の小売事業者は，音響解析技術を採り入れた昆虫のモニタリングを専門とするスタートアップへの資金援助を通じて，取引事業者の生産農場で花粉媒介昆虫の生息状況をモニタリングしています。スタートアップ企業が開発したモニタリング用の機器には，温度，光，湿度を測定可能な環境センサーとマイクが装備されており，昆虫の発する音から活動状況を分析できます。生産者は分析結果をもとに花の植え付けなどをして，花粉媒介昆虫の生息環境の整備に役立てることができます。小売事業者の狙いは，昨今，取引事業者の生産農場において減少が懸念されている花粉媒介昆虫を増加させ，果物などの収穫量を向上させることです。これによって，仕入れ価格や数量の安定につながり，サプライチェーン内の自然関連リスクの低減に寄与するというわけです。

現在のところ，企業における音響解析技術の活用は概ね実験段階にあります。本格的な導入を考えた場合は，電源やネットワーク環境の確保など運用面の考慮が必要となります。一般的に，収録したデータはPCやクラウド等の解析環境にアップロードされ，処理されます。しかし，機器や設置環境の制約によってSDカード等の情報記憶媒体に頼らざるを得ない場合は，音声データの回収作業が発生することになります。生物のモニタリング環境と活用する技術の両方の特性の理解することがポイントとなります。

《図表》取引事業者の生産農場での花粉媒介昆虫の音声解析によるモニタリング

花粉媒介昆虫の活動音を検知

花粉媒介昆虫の活動音が検知されない（少ない）
→対処が必要

（出所）NRI作成

画像解析編

企業のネイチャーポジティブを後押しするデジタル技術の活用

■自然・生物のモニタリングを効率化する画像解析技術，活用しやすく

生物のモニタリングに活用可能なデジタル技術として「音響解析技術」と「画像解析技術」の2つを紹介します。ここでは画像解析技術について解説します。

スマートフォンの顔認証，監視カメラ等による人物検出，自動運転車においては道路上の物体検出など，画像解析は私たちの日常にも浸透しつつあります。画像解析にはすでに深層学習を用いた手法が幅広く利用されており，生物のモニタリングにおいても有用です。一般的には，前準備として判定したい生物の種の画像を収集し，AIモデルを構築する必要がありますが，自然保護団体や研究機関などが提供している構築済みのモデルやアプリなどを利用することも可能です。従来，生物の種を特定する際には，研究者などの専門家による目視での確認作業が必要でした。しかし，画像解析技術を使えば，ユーザーはAIの推定結果を確認し，誤りがあれば結果を修正するだけで済みます。AIの精度が十分に高いと期待できる場合や，ある程度の推定誤りを許容できる状況ではユーザーの確認作業を省くことでさらに手間が軽減されます。

■画像解析技術を活用した自然関連リスクの低減

海外のエネルギー大手は，鳥類を監視・追跡可能な画像解析AIを構築するスタートアップ企業への投資を通じて，自社の洋上風力発電事業に適用可能な技術開発や商業化を目指しています。カーボンニュートラルの実現に向け，洋上風力発電をはじめとした再生エネルギーへの期待が高まっているものの，風車（風力タービン）の設置が海洋生物や鳥類に与える影響が危惧されています。鳥類に関しては，風車への衝突事故などが懸念されています。前述のエネルギー大手が投資するスタートアップ企業は，鳥の検出および種の識別，飛行パターンの分析を画像解析によって自動化します。ユーザーは鳥の個体数の変動や風力タービンへの衝突数などをダッシュボードから確認できます。取得したデータは建設計画段階での検討や運用開始後のモニタリング，規制当局への報告などに活用します。

■多様なデータ収集手段

画像解析に用いるデータは，衛星データのように超広域を対象にしたものから，ドローンによる空撮データや水中/水上ドローンによる水中撮影データといった広域を対象にしたもの，さらには自動撮影カメラ（赤外線センサーと併用することで動物の熱を感知して撮影を開始するもので，「カメラトラップ」とも呼ばれます）や，モバイル端末の撮影データといった局所的なものなどがあります。人工衛星やドローンは，人の立ち入りが困難なエリアも含めた広範囲にわたる調査が可能で，森林面積の変化の把握などに利用されるケースが一般的です。一方，カメラトラップやモバイル端末が対象とするのは，近距離の動植物です。モバイル端末であれば，多くの協力者を募った調査が可能です。

近年，衛星データを含めた画像やセンシングデータのコストは下がりつつあるため，以前に比べて，広範囲かつ多様な生物を対象とした情報収集を効率的に行えるようになっています。

《図表》画像解析に用いるデータと活用事例

衛星データ	水中/水上ドローンの撮影データ	モバイル端末による撮影データ
カメラ（光学センサー），合成開口レーダー（SAR）*などを使用	カメラなどを使用	カメラなどを使用
消費財メーカーがパーム油生産地におけるサプライヤーによる森林破壊の検知に活用	通信事業者がブルーカーボン**算定に必要な海草や海藻の分布面積の調査に活用	不動産ディベロッパーなどがモバイルアプリによる市民参加型生物調査イベントに活用

*電波を照射し反射した電波を観測することで対象を捉える。天候によらずセンシングすることができる

**藻場・浅場等の海洋生態系に取り込まれた炭素

（出所）NRI作成

国内企業のネイチャーポジティブ取り組み状況

経営上層部の理解・コミットがある企業は推進しやすい

■事業計画・製品サービスへネイチャーポジティブを反映している企業は約３割

筆者らは，2023年６月に日本企業へアンケートを実施し（回答数は164社），ネイチャーポジティブへの取り組み状況，取り組みを進めるうえで重要なポイントを調査しました。

「ネイチャーポジティブをどのような取り組みに反映しているか」に関しては，164社中43社（26％）がすでに中計等の事業計画または製品サービスへ反映していると回答しました。うち，全社戦略として中期計画・ビジョン等へ反映している企業は33社（20％），自然資本の保護・強化を通じた製品・サービスの付加価値向上に取り組んでいる企業は20社（12％）でした（図表１）。具体的には，生物多様性の行動指針の策定，生産拠点の認証制度への盛り込み，事業所周辺の生態系ネットワークの監視・構築等を実施していました。

■トップダウンによる取り組みの推進がカギ

さらに，すでにネイチャーポジティブに取り組んでいる70社に対して，取り組むことができている理由を伺ったところ，最も回答数が多かったのは「経営層がネイチャーポジティブの重要性を理解しているから」であり，30社（43％）が回答しました（図表２）。自然の生態系は複雑であり，取り組みが事業活動にどれだけ反映されるか，売上につながるかがわかりづらい概念だからこそ，トップの理解・トップダウンの推進が非常に重要と考えられます。また，取り組む障壁として社内の巻き込みを挙げている企業が45社（27％），自然資本と売上・利益とのつながりがわからないと回答した企業が51社（31％）という結果からも，自然資本と自社の関連を現状分析し，社内でコミュニケーションすることが第１歩として非常に重要と伺えます（図表３）。

自然資本に限らず，新事業の立ち上げにあたって，大企業ほど“事業の柱”まで成長する見込みがないと事業立ち上げが難しいという声を聴きます。本取り組みも同様の認識になりやすいですが，サステナビリティは対象ステークホルダーと時間軸の“範囲が広い”という特徴を生かして，中長期・幅広ステークホルダーへの波及効果を考慮して取り組むことも一案ではないでしょうか。

《図表》アンケート結果

図表1　ネイチャーポジティブに関する取り組みの実施状況（n=164，複数回答）

【設問】あなたが勤めている会社では，ネイチャーポジティブに関する取り組みをどの程度実施していますか。

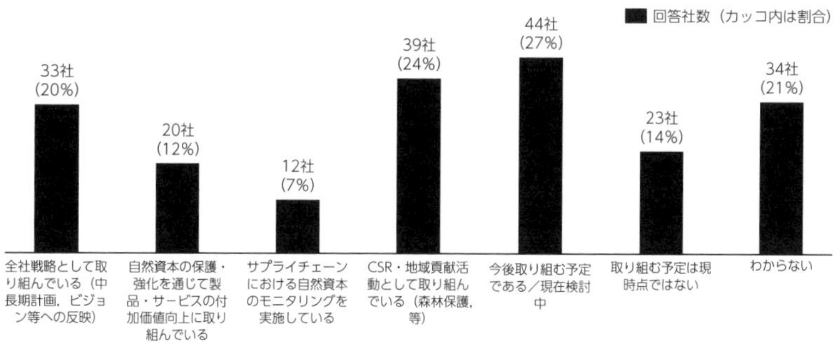

図表2　ネイチャーポジティブに取り組めている理由（n=70，複数回答）

【設問】あなたが勤めている会社は，なぜ既にネイチャーポジティブに取り組むことができていると思いますか。

※図表1にて，「全社戦略として取り組んでいる」「自然資本の保護・強化を通じて製品・サービスの付加価値向上に取り組んでいる」「サプライチェーンにおける自然資本のモニタリングを実施している」「CSR・地域貢献活動として取り組んでいる」と回答いただいた企業が対象

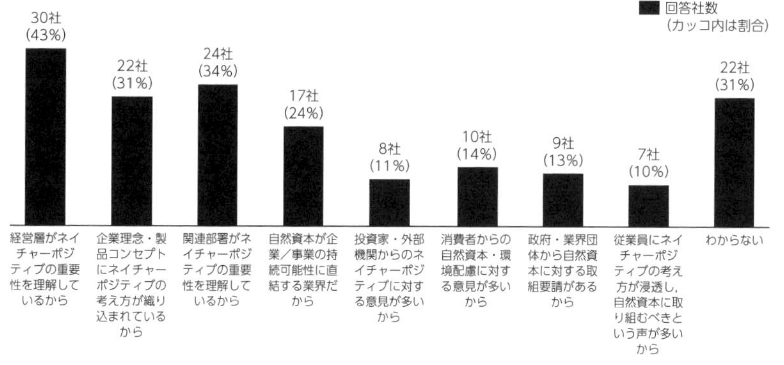

図表3　ネイチャーポジティブに取り組むうえで障壁となりそうなこと（n=164，複数回答）
【設問】あなたが勤めている会社がネイチャーポジティブへ対応するうえで（もしくは今後行ううえで），障壁となりそうなこと・難しそうなことをお聞かせください。

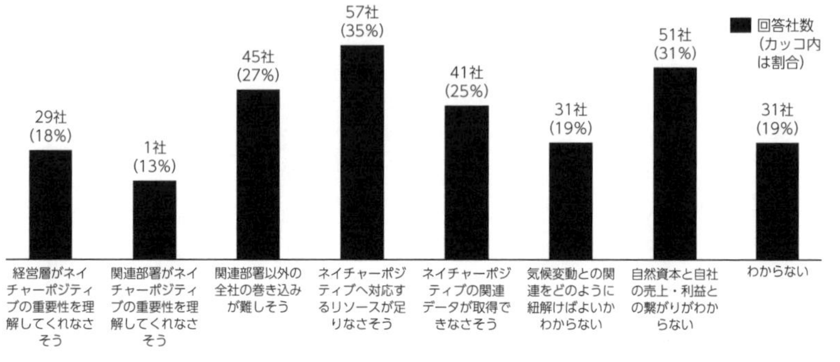

（出所）NRI作成

第6章

事業会社に求められる取り組み

前章までででは，自然資本関連の概念や国際的・地域的な動向，他のサステナビリティテーマとの関連，金融セクターおよび事業会社の先進動向などを整理してきました。

以上を踏まえて，本章ではネイチャーポジティブ対応において事業会社に必要となる取り組みを解説します。

1　事業会社に求められる取り組みの全体像

自然との接点や達成すべき状態を明確化したうえで，どのように事業活動へ反映するかを検討する

第１章～第５章のネイチャーポジティブや自然資本対応の特徴，各企業の事例を通じ，ネイチャーポジティブや自然資本への対応は単なる「表面的な開示情報の整理」ではなく，「事業を継続するうえで考慮すべき重要な要素」であり，本気で取り組むことが自社の企業価値を高めることがおわかりいただけたかと思います。第６章では，企業価値向上に向け，具体的に企業がどのようにネイチャーポジティブに取り組むべきかを解説します。

まず第６章の[2]，[3]では，企業が最初に取り組むべきアクションを２つ解説します。企業がネイチャーポジティブに取り組む際には，まずは現状の事業と自然との接点を把握することが出発点となります。そのうえで，企業として考える社会のあるべき姿（Moon Shot）や企業自身の目指す姿・指標・目標を明確化することが重要です。

次に，第６章の[4]，[5]，[6]では，ネイチャーポジティブを事業活動へ反映させるために意識すべきポイントを３つ解説します。従来，CSR活動・地域貢献活動として植林活動や生物保護に取り組んできた企業は多いと思いますが，事業と紐づけながらネイチャーポジティブに取り組んでいる企業はまだ少ないと考えられます。自然を増やす活動も大切ではあるものの，その活動が事業や経営と切り離されていては企業価値にはつながりません。ネイチャーポジティブを事業活動へ反映させるためには，①サプライチェーン全体の改革，②顧客体験価値向上による新しい市場の創造，③ステークホルダーとの連携による取り組みの高度化，の３つがポイントとなります。

最後に第６章の[7]では，アドボカシー活動を通じた業界・社会全体の底上げや取り組み推進について解説します。アドボカシー活動とは，特定の課題を解決するために，業界の垣根を越えて知見・経験・ツールなどを積極的に共有し発信する活動のことです。一見，自社のメリットには直接的につながっていないように思えますが，業界・市場全体を底上げすることで，社会へ与える影響の範囲・深度を深め，最終的にステークホルダーから認識されることで企業価値が高まり，収益化につなげることで先行投資を回収するという好循環サイク

ルが生まれます。

これからネイチャーポジティブに取り組もうとされている企業からすると，すべてに取り組むことはハードルが高く感じるかもしれませんが，まずは1つずつできる範囲から取り組むことが大切です。また，ネイチャーポジティブに関する取り組みは，取り組んですぐに結果が出るものではありません。だからこそ，早い段階から取り組みを始め，長い目線でのアクションを考えることが必要です。

《図表》事業会社に求められる取り組みの全体像（第6章の全体像）

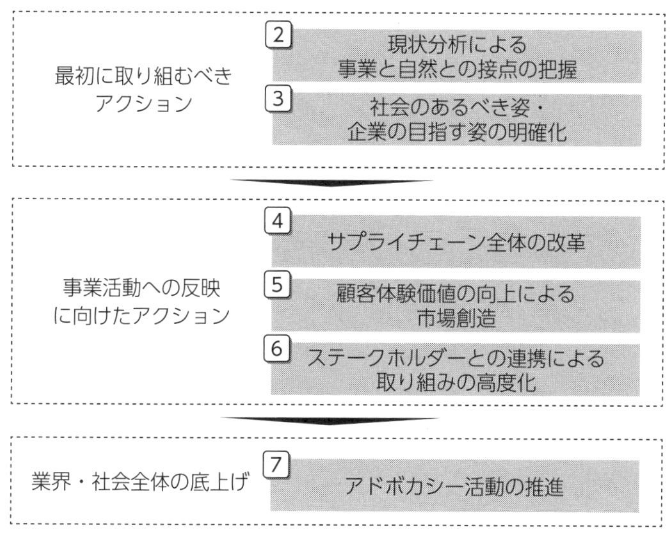

（出所）NRI作成

1　依存と影響の両面の把握

自然と自社の関係を「依存」「影響」の両面から把握することで，事業リスクに対するレジリエンスの強化や環境負荷の低減に効果的な施策を検討する

■人間活動は自然の恩恵に「依存」し，「影響」を与えている

冒頭で述べたように，企業は，自社の活動と自然の相互作用を「依存」「影響」の２つの観点から分析し，効果的な対応策につなげる必要があります。

「依存」とは，企業活動をするうえで，自然から受けている恩恵のことです。例えば，製品の原料や水や燃料の供給，植物の炭素固定による気候の調整等において，自然に依存すると考えられます。「影響」とは，人間活動が及ぼす自然の変化のことです。例えば，農薬の使用，陸域・淡水域・海洋域の生態系の利用，土壌の汚染物質・廃棄物の排出が挙げられます。

生物多様性国家戦略 2023-2030では「企業のあらゆる事業活動は生物多様性・自然資本に影響を与えるとともに依存している」と指摘されており，すべての企業は何らかの形で自然資本に依存・影響していると考えられます。

■ツールを用いて依存と影響の可視化することで，自社と自然資本の相互作用を認識，取り組みを進めるうえでの社内理解の促進につなげる

依存と影響の分析については，さまざまなツールがTNFDで紹介されています。例えばENCOREというツールを用いて，まずは自社のどの事業やプロセスが，どのような形で自然資本に依存・影響しているか特定することからはじめる企業もみられます。自然資本に関して取り組む重要性が見えづらいと感じる場合，この分析で自然と相互作用している部分を特定でき，社内理解の促進，対応要否の判断，自然資本の取り組みが推進しやすくなるでしょう。

なお，自然に与える「影響」のみの分析では，自然由来の資源枯渇等による「依存」のリスクを把握できません。「依存」の分析のみでも，「影響」による消費者の評判低下等だけでなく，「影響」がめぐりめぐって「依存」する資源の枯渇・質の低下につながるリスクを把握できません。そのため，「依存」「影響」の両方を分析することが，適切なリスク把握・対応策において不可欠です。

■「依存」「影響」の両方を分析し，効果的な対応策につなげる

依存と影響の分析結果を踏まえ，企業が取るべき対応策は①依存を低くする，②影響を減らす，③依存・影響する自然資本を守る，の3つが考えられます。

① 「依存」を低くする活動に切り替えることは，資源の利用期間の延長だけでなく，自社のレジリエンス強化にもつながります。例えばタイヤの生産において，天然ゴムを原料とする企業は，環境悪化等により天然ゴムの生産量が減ると事業活動が縮小・停止してしまいます。これに対し，使用済みタイヤを循環利用できる企業は，天然ゴムが減っても製造を継続できます。また，明治HDでは細胞培養による持続可能な原料調達の検討を進めていますが，これも依存を低くする取り組みの一例です。

② 「影響」を減らす活動に切り替えることは，"環境にやさしい"の製品・サービスとしての付加価値向上や，企業の社会的責任な側面からの評判低下のリスクの緩和などにつながります。

③ 依存・影響に関わる資本を守ることは，地域での企業活動存続につながります。また，生物多様性が強化されることで，ダメージに強い強靭な生態系の維持につながります。例えば前述した資生堂は，フランスで懸念されているミツバチの減少に対する解決として，工場敷地内での農薬の使用を取りやめ，ハチの巣箱を設置してミツバチの保護に取り組んでいます。

《図表》依存と影響の分析を踏まえた効果的な対応策

依存を低くする	影響を減らす	依存・影響する自然資本を守る
➢ 天然資源の代替となる資源の開発・利用 ➢ 冷却水等の再利用	➢ 廃棄物の削減（再生材の利用，微生物による再資源化等）	➢ 原料となる動植物の保護 ➢ 地域で絶滅が進行している動植物の保護 ➢ 採水地の植林活動

（出所）NRI作成

2　ロケーションの観点

ネイチャーポジティブ対応では地域によって依存・影響の程度が異なるため，適切な対応策の検討のために事業特性等を考慮した分析を実施する

■事業拠点の位置に応じて依存・影響の程度が異なる

世界では場所によって気候や地形といった地理的な特徴が異なり，それに応じて動植物の生息状況等も大きく異なります。そのため，自然資本の分析には，地域固有の生物種・河川等への影響等，依存・影響の範囲が地域に強く反映されます。つまり，地域性の考慮が不可欠です。

気候変動の領域においてはGHGは発生後に大気に放出され，平均気温の上昇などの地球全体への影響につながるため，同じ排出量であれば地球上のどこでも同じ影響の大きさと考えられます。一方で，例えば工場排水は排出された場所に近い河川等の自然ほど影響を大きく受けます。つまり，事業内容が似ている企業でも，工場等の事業を展開する地域が異なると，自然への依存・影響の程度が大きく異なることになります。

■事業特性，依存・影響の種類等に応じた粒度で分析することが重要

ネイチャーポジティブ対応では，企業が保有する資産や拠点，バリューチェーンに関連する地域を特定したうえで分析することが重要です。そして，自社の関わる地域が，重要な生物やその多様性，水ストレス等にどの程度さらされているかを把握することで，自社が優先的に分析・対応すべき地域や，注視すべき自然資本を特定することができます。

分析の対象地域やメッシュの粒度は，企業によって異なります。例えば，第５章①２で紹介した通信事業会社のKDDIでは，広範囲に設備が設置・建設されるという通信事業の特性を踏まえ，隣接した地域を含む国レベルでの分析をしています。一方，消費財メーカーである花王では，世界地図を緯度0.5°×経度0.5°の単位に分割して，サプライチェーンの各段階における事業活動の実施場所を分析しています。メッシュの粒度を設定するためには，分析ツールや取得できるデータの性質が前提となりますが，それに加えて事業特性，バリューチェーンの各段階で影響を与えている地域を考慮することで，分析結果をもと

に，効果的な対応策を検討できると考えられます。

《図表》世界における水リスクの高い地域

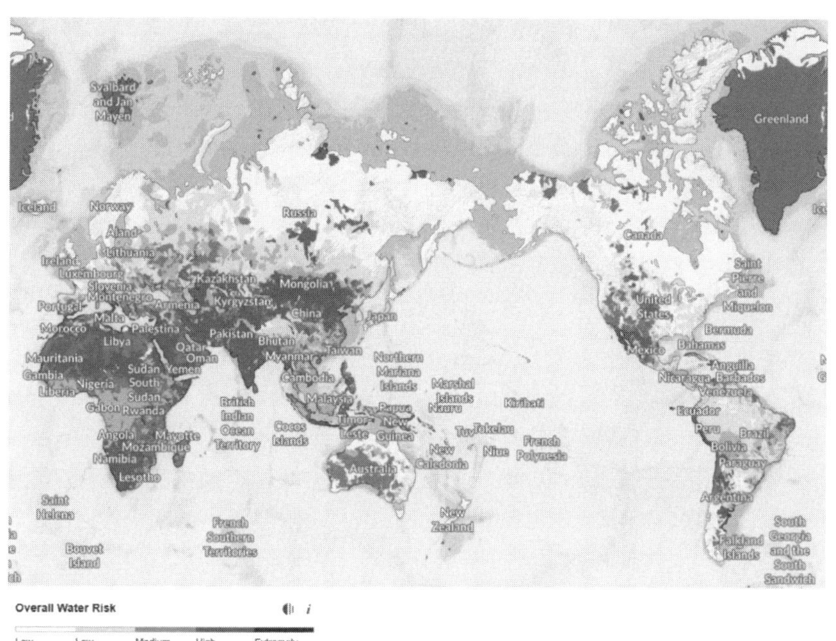

（出所）WRI Aqueduct「Water Risk Atlas」

3　直接操業と上流・下流の区分

自然資本関連のリスクは自社活動を超えたサプライチェーンにも隠れているため，自社にとって優先度の高い範囲を決めてリスクを確認・管理する

■想定していなかったところに事業停止・自然毀損のリスクが隠れている

自然や生態系は，それ自体が複雑かつ広範にわたるため，個々の要素の関連性や自社の把握すべき範囲を正確に特定することは非常に難しいです。なかでも見落としがちなのは，自社のサプライチェーンにおいてサプライヤー等の他社と関わっている範囲にも自然資本に関連するリスクが存在しうる点です。この点はサプライチェーンのリスク管理，気候変動のScope 3分析等の考え方と似たものです。

例えば，森林の伐採や鉱物の採掘について，自社が実施していなくても，それらの活動により製造された製品やサービスを購入している場合，森林の伐採量が減った際に，木材を利用する自社製品の生産量が減るリスクが想定されます。このように，想定していなかったところに事業停止や自然毀損のリスクが隠れている可能性が考えられます。さらに，人権などの他のESGテーマと同様に，自社ではなくサプライヤーが自然に対して悪影響を及ぼした際に自社の評判まで低下する可能性も懸念されます。

■サプライチェーンにおいて自然資本に関するリスクの高い，重要な範囲を特定したうえで，優先順位を決めることで効率的にリスクを把握・管理する

このようなリスクを防ぐためにも，サプライヤーの自然資本関連のリスクを確認することが重要になりますが，大企業ほど，展開地域やサプライチェーンが多く，関わるサプライヤーが多岐にわたる一方で，自社のリソースが有限であることから，サプライチェーンのすべてを把握・管理することは容易ではありません。さらに，管理の対象となる企業が自然資本について分析していればリスクの把握は容易ですが，必ずしも取り組みが進んでいるともいえません。そのため，効率的に進めるためには，懸念されるリスクの程度や，取引額等の自社にとっての重要性等の観点から，管理すべきサプライヤーに優先順位をつけて対応することが重要です。例えば，TNFDでは，特に自然との依存・影響

が大きい８業種（食品と飲料，再生可能資源と代替エネルギー，インフラ，採掘，鉱物加工，ヘルスケア，資源変換，消費財，運輸）を2023年時点で特定しており，これらの業種に該当するサプライヤーがいる場合は，優先してコミュニケーションを進めるのも一案です。また，水リスクについては前述したWRI Aqueduct「Water Risk Atlas」などが公開されているため，これにサプライヤーの拠点を重ね合わせ，リスクの高いサプライヤーを定めるのも一案です。ただし，同じ地域でも事業プロセスに応じて，依存・影響の程度が大きく異なる点は注意が必要です。

取引先等からの自然資本に関する分析・対応策検討などの要求は，今後ますます高まると想定されます。こうした状況を見すえて，現状分析を早めに実施しておくことで，円滑なコミュニケーションにつながると考えられます。

《図表》サプライヤーの優先度評価の観点

① 国・地域別の観点
(例) 水リスクの高い地域，生物多様性の脆弱性をもつ地域
（人間活動または自然事象による劣化・消失に非常に影響を受けやすいなど）

② テーマの観点
(例) 水，森林，生物多様性　等

③ 業種，プロセスの観点
(例) 自然への依存・影響が高い業種，プロセス

④ 取引規模等の観点
(例) 自社との取引規模

（出所）NRI作成

1　Moon Shotの設定

企業として考える社会のあるべき姿・達成すべき状態（Moon Shot）を設定することで，企業の目指す方向の道しるべに

■Moon Shotを定めることで今後の目指す方向や取り組むべき事項が明確になる

第６章②で述べたように，自社事業と自然との関わりを把握することで，優先的に取り組むべき事項が見えてきます。しかし，自然資本の範囲や定義は広く，気候変動と比べても，取り組むべき事項は無数に存在します。そのため，ネイチャーポジティブの取り組みを推進するためには，企業として考える社会のあるべき姿・達成すべき状態（＝Moon Shot）を明確にすることが重要です。一般的にMoon Shotとは「非常に難しいが，実現すれば多大な効果を期待できる大きな計画や研究」を意味します。

サステナビリティ経営の最終ゴールが「Human & Nature Well beingの実現」であると考えると，この目標に向かって企業がすべてのことに取り組むことは不可能です。そこで，企業としてどのような社会にしていきたいかを明確にすることで，はじめて企業としての目指す姿や目標を設定でき，その目標実現に向けた手段や仕組みを明確にすることができます。逆にMoon Shotを明確

《図表》Moon Shotをベースとした企業が検討すべきプロセス

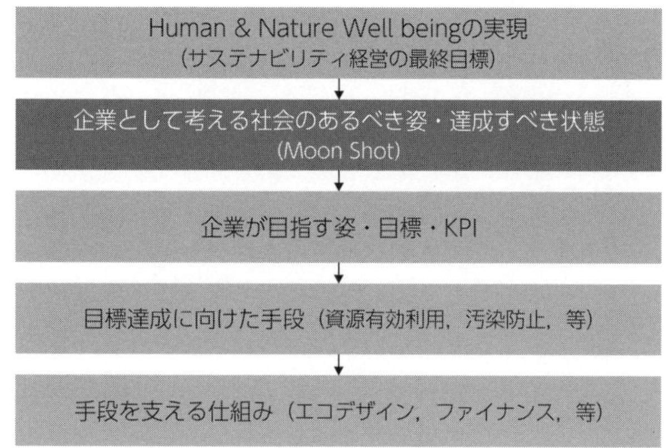

（出所）NRI作成

にしない場合，社外の情報に惑わされ，自社にとって効果的でない目標達成のためにリソースを使うことになりかねません。

■達成できる姿ではなく，達成“すべき”姿をMoon Shotにする

Moon Shotは達成できる，あるいは達成しそうな姿ではなく，社会が達成すべき姿として設定することが求められます。達成できる，あるいは達成しそうな状態を掲げるだけでは企業が目指す道しるべになりづらいため，中長期的な企業の価値向上にはつながりにくいといえます。

例えば，ファッション事業を展開している海外企業では，廃棄・消費に関する具体的なMoon Shotを掲げることで，共感したステークホルダーを巻き込んで他社に先駆けたビジネス化や，イニシアチブの立ち上げを実現することができています。中長期的な戦略を考えるうえでは，将来的に達成すべき社会の姿をMoon Shotとして掲げることが非常に重要なことといえます。

■Moon Shotは経営レベルで判断し，社内外に公表する

Moon Shotを達成するには，事業への投資やリソースの拡充が不可欠であるため，Moon Shotは経営レベルで判断し，明確にする必要があります。経営レベルで判断するためには，担当者だけでなく，経営者自らが自然資本に関して理解し，深く考えられる環境を整えることが必要です。

さらに，経営レベルで判断されたMoon Shotを社内外に公表することで，そのMoon Shotに共感してくれるステークホルダーを巻き込むことが可能となります。ネイチャーポジティブ対応は，１社だけでは実現できないことが多く，ステークホルダー（競合他社を含む）との協力が不可欠です。Moon Shotを掲げることで，ステークホルダーと協力しながら，Moon Shotを実現するための手段や仕組みを他社よりも早くビジネス化することが可能になります。

2　企業が目指す姿・目標の設定

Moon shotから企業が目指す姿や目標を設定することで，中長期的な企業価値向上に向けた取り組みを加速させる

■Moon Shotから企業が目指す姿や目標を設定することが中長期的な企業価値につながる

Moon Shotが明確にできたら，Moon Shotをもとに企業が目指す姿や目標を検討していくことが大切です。一般的に目標は公表するための形式的なものと見られがちであり，達成可能性が高い水準に設定する企業も多いかと思いますが，実現可能な目標だけでは，本来的な中長期的な価値向上につながりにくいといえます。

中長期的な企業価値につなげるためには，さらには，投資家から評価される企業になるためには，Moon Shotをベースとした目指す姿や目標を掲げることが大切です。例えば，Moon Shotを明確に掲げている海外企業では，主要素材における農場レベルでのトレーサビリティ率を2025年までに100％，有害なプラスチック包装材使用率を2030年までに0％という達成“すべき”目標を設定しています。企業が考える社会のあるべき姿を実現するために，企業としてどのようなことに取り組んでいくのかという目線で考える必要があります。

■目標はKGIとKPIを意識して設定する

目標を設定する際には，今後の取り組みが明確になるように設定することも大切ですが，ゴール実現に向けた進捗状況を管理・公表できることも重要です。進捗状況が管理しやすいよう，目標は一般的には，KGI（Key Goal Indicator：重要目標達成指標）とKPI（Key Performance Indicator：重要業績評価指標）の2つに大別されます。

KGIは，最終的に達成すべき成果を定量的に定めた指標であり，Moon Shotから設定を行う必要があります。一方，KPIは，達成目標に対して目標達成度合いを評価する指標であり，必要なプロセスの具体化と評価を手助けします。KPIは，KGIから逆算して設定する必要がありますが，その際には各部門が責任を持てる範囲で設定するなど各部門のコミットメントを高める工夫が必要となります。

■目標は積極的に開示し，社内外のステークホルダーを巻き込む

目標は事業の成功や失敗を示す定量的なデータであるため，それ自体が強力なメッセージ性を持ちます。そのため，目標を明示的に開示することは社内外のステークホルダーを巻き込む効果的な手段となります。

社内においては，目標を開示することで，従業員の目標に対するコミットメントを深めることを促し，各部署の取り組みの優先順位や必要となるリソースを明確にすることにも役立ちます。一方，社外においては目標を開示することでステークホルダーからの共感を生み出し，具体的な提携や共創の議論を進めやすくなります。

「達成すべき目標を設定したところで，進捗が進んでいないと積極的に開示すべきではないのではないか」との声もよく聞きます。しかし，進捗が芳しくないことも含めて開示し，できていないことを明確にすることが，ステークホルダーのコミットメントを高め，共創をより加速させることにつながります。目標を設定したら，積極的にHPやレポート等で開示するように意識することが大切です。

《図表》Moon Shotを踏まえた目標設定の考え方

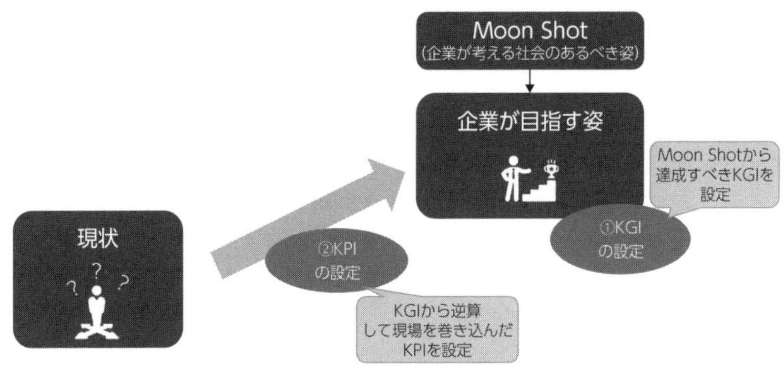

（出所）NRI作成

1　ネイチャーポジティブを観点としたサプライチェーンの再評価

自然資本の枯渇リスクや座礁資産化，環境影響に対する規制等を考慮して，サプライチェーンを見直す

■ロケーションを観点として物理リスク・移行リスク・移行機会を考える

カーボンニュートラル対応との比較において，ネイチャーポジティブ対応ではロケーションが重要な要素となることはこれまでにも述べたとおりです。

排出や回収の場所に依らず，「１トンは１トン」であるGHGとは異なり，例えば東南アジアの熱帯雨林１ヘクタールと，国内の人工針葉樹林１ヘクタールは異なる価値を有しており，等価交換できません。あるいは水では，自然の供給量および住民・産業の需要量は地域により異なります。供給量と需要量の比は水ストレスと呼ばれますが，水ストレスが高い地域と低い地域での水利用は，利用量が同じであっても与えるインパクトの大きさは異なります。

このような観点で物理リスクや移行リスク，移行機会を捉え，サプライチェーンの見直しを行うことが求められます。

■枯渇や座礁資産化のリスク評価

サプライチェーンの各段階は，何かしらの形で自然に依存しています。例えば水は，農業や食品製造，あるいは冷却水や洗浄水としての利用など幅広い用途で用いられます。後者については，ほぼすべての産業セクターのサプライチェーンにおいて関与があると考えられます。

水ストレスが高い地域は，水の枯渇リスクが高い地域といい換えることができます。同様の考え方は，水に限らず他の自然資本においても適用できます。依存する自然資本が仮に枯渇した場合，当然のことながらサプライチェーンの弱体化あるいは停止につながります。これが物理リスクに関する考え方です。

規制等で自然資本の利用が制限されることも想定されます。カーボンニュートラル対応では，温度上昇幅の抑制を目的として，化石燃料の可採埋蔵量のうち利用許容量がCO_2排出量ベースで半分未満に制限されました。利用が制限された化石燃料は「座礁資産」と呼ばれますが，同様の事象が地域ごとの規制によって自然資本においても今後想定されます。移行リスクの観点で，こうし

た規制動向についても注視が必要です。

以上のような考え方で，自社のサプライチェーンが依存する自然資本を整理し，サプライチェーンが位置する地域における当該自然資本のリスク分析を行うことが重要です。対応策としては自然資本への依存度を下げる，あるいは代替性を担保するといった生産方法の見直しなどを，サプライヤーエンゲージメントの形で進めることが一案です。あるいは，調達先・地域の見直しも選択肢となります。

■生物多様性の保全・回復におけるインパクト

リジェネラティブ農業に代表されるように，事業活動が生物多様性の保全・回復に直結する場合があります。サプライチェーン上にこうした要素がある場合，そのロケーションが重要となります。生物多様性の改善の余地が十分に大きいこと，当該事業による寄与が生物多様性の改善に向けたボトルネック解消につながるか，といった観点でロケーションを評価することで，ネイチャーポジティブへの貢献を効率的に大きくすることができます。

自然資本クレジットや自然共生サイト認定など，生物多様性の保全・回復に資する取り組みへのインセンティブの検討が進んでいますが，こうした制度動向の地域別での把握も重要です。移行機会に関連した利益を最大化することにつながります。

《図表》ネイチャーポジティブにおける自然資本の座礁資産化

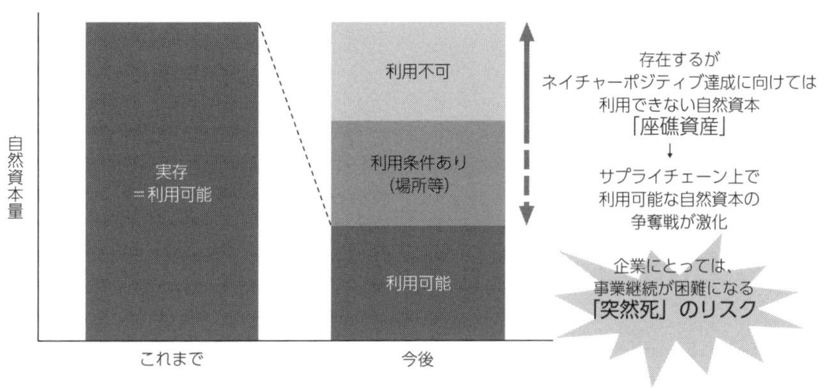

（出所）NRI作成

2　原料調達における抜本的な改革

低環境負荷な方法で製造された再生素材やバイオ由来素材への転換など，素材・原料調達を再検討・再構築する

■ネイチャーポジティブにおいて，再生素材やバイオ由来素材の重要性が高まる

化石資源や鉱物資源は，素材や製品製造のみならず，エネルギー生産にも不可欠な要素であり，すべての産業セクターにとって欠かせないものです。しかし，こうした地下資源の採掘や，その後の精製・精錬等の工程では，大きな自然への影響が発生します。例えば，採掘地における土地変化や騒音・汚染物質などの発生，大量の水使用，さらにGHGなどの排出なども挙げられます。

依存の観点では，前項で述べたような資源枯渇といった物理リスクも伴うことから，過度な依存はリスクとなります。近年においては，地政学リスクの高まりも見逃せません。また，ネイチャーポジティブ潮流化においては，移行リスクの高まりが予想されます。2022年12月CBD-COP15を契機として，各地域・国では生物多様性保全を目的とした戦略や計画，あるいは規制の準備が進んでいます。

資源枯渇リスクや地政学リスクの高まりは，リニアエコノミーからサーキュラーエコノミーへの転換を進めるドライブ要因でもあり，そうした中で再生素材あるいはバイオ由来素材の活用がこれまでも注目されてきました。ネイチャーポジティブの主流化により，自然資本の座礁資産化といった移行リスクが今後はさらに大きくなります。前項で述べた調達先・地域の見直しに加えて，バージン素材から再生素材やバイオ由来素材への転換といった大きな変革をこれまで以上に検討する必要があります。

■再生素材やバイオ由来素材においても，その製造方法に配慮が必要

ネイチャーポジティブの主流化によって，再生素材やバイオ由来素材の価値が高まることはこれまで述べたとおりです。ただし，その製造方法によってはネイチャーポジティブの観点でネガティブに評価される可能性があることには留意が必要です。

例えば，素材の再生工程において洗浄などの目的で大量の水使用を伴う場合

です。バージン素材から再生素材への転換によって，地下資源への依存や，採掘等の工程における自然への影響が回避できる一方で，水への依存および水の汚染といった影響が新たな懸念事項となります。農作物を原料としたバイオ由来素材も，例として挙げられます。農作物の生産においては，土地転換や水および化学肥料の利用など，さまざまな依存と影響があることが指摘されています。

このようなトレードオフにおいて，どのような依存あるいは影響の項目が優先されるべきか，あるいはどの程度の差分までが許容されるかといった点については，具体的な基準や指標はまだ確立されていません。しかし，バージン素材の利用回避によって得られる自然への依存・影響の低減といった利点が薄まることを避けるために，再生素材やバイオ由来素材の製造方法にも配慮することが重要となります。

《図表》バージン素材と再生素材・バイオ由来素材の製造工程における主な依存・影響の項目（ただし，製造方法等によって異なる）

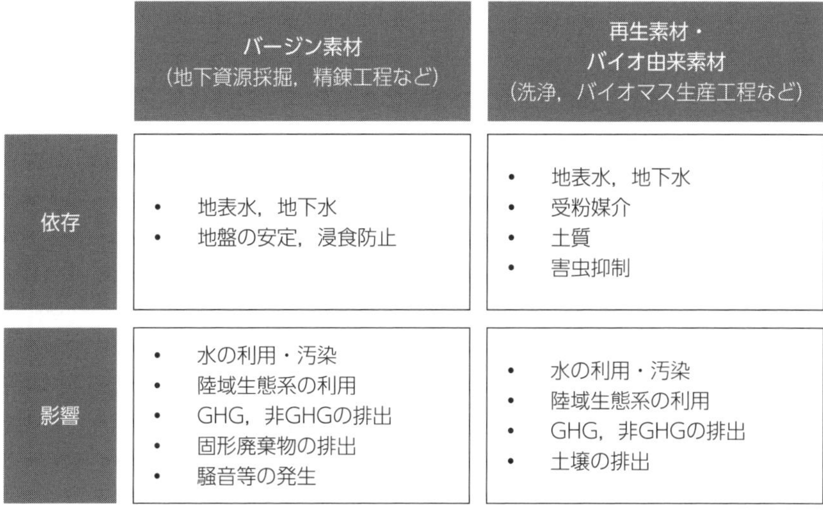

	バージン素材（地下資源採掘，精錬工程など）	再生素材・バイオ由来素材（洗浄，バイオマス生産工程など）
依存	• 地表水，地下水 • 地盤の安定，浸食防止	• 地表水，地下水 • 受粉媒介 • 土質 • 害虫抑制
影響	• 水の利用・汚染 • 陸域生態系の利用 • GHG，非GHGの排出 • 固形廃棄物の排出 • 騒音等の発生	• 水の利用・汚染 • 陸域生態系の利用 • GHG，非GHGの排出 • 土壌の排出

（出所）NRI作成

1　消費者の動向

生物多様性に配慮した消費者の行動・意識変容を捉える

■生物多様性への関心は高まっている

私たちの生活は自然からもたらされる恩恵の上に成り立っています。食事を例にとっても，肉や魚，野菜は自然からもたらされたものであり，キャンプやサーフィンなどのアクティビティも豊かな自然があるからこそ楽しめるものです。さらに，食卓の豊さやアクティビティのコンテンツは生物が多様であるほど充実したものになります。このように私たちは生物多様性の恩恵を日々感じている一方，近年ではニュース等で自然の喪失について目にすることも増えています。例えば2019-2020年に豪州で起こった大規模な火災や，2023年８月にハワイ・マウイ島の火災における甚大な被害，その他にも森林火災の頻度や件数は年々増えています。このような状況において日々の生活を支える生物多様性を含め自然環境が喪失されることに危機意識を持ち，保全に対して関心を持つ人々が増えています。

■生物多様性に配慮した消費活動の意識変化も始まっている

生物多様性の保全・回復のためには，企業だけでなく私たち１人ひとりの行動が重要です。最近では「エシカル消費」と呼ばれる，より良い社会に向けて「人や社会，環境や地域に配慮されたものを選ぶ」という考え方が急速に広がっています。もちろん，自然の保全・回復に貢献する製品やサービスを選択することも「エシカル消費」の１つです。例えば，生物多様性へのマイナスの影響を最小化した食材・原材料の調達，生産加工や物流工程において自然との共生を考慮したしている製品やサービスを選ぶことで，消費活動を通して生物多様性の保全に参加することができます。この，「エシカル消費」の行動は，募金等の消費活動と切り離された支援とは異なり，生活の中で実践できることから継続した生物多様性への配慮の意識が根づくとともに，その社会へのインパクトも大きいと考えられます。

消費者庁の実施した「「倫理的消費（エシカル消費）」に関する消費者意識調査報告書」のアンケートにおいて，「エシカル消費について，興味がある（非常に興味がある＋ある程度興味がある）」と回答した人は，2016年度の35.9％

に比べて，2020年度は59.1％と大幅に上昇しています。

2023年３月には，全国15歳～90歳の男女約2,400人を対象としたインターネットアンケート調査をNRIが行い，生物多様性に対する消費者の意識を調査しました。「あなたは生物多様性に配慮した製品・サービスを優先的に購入しようと思いますか」という設問に対しては６割以上の消費者が「優先的に購入しようと思う」と回答し，そのうち，７-８割の人がプレミア価格を許容すると回答しました。このようなアンケート結果から，生物多様性を観点として含んだエシカル消費において，すでに日本において配慮した意識・行動の変容は始まっていると考えられます。

《図表》アンケート結果　生物多様性に配慮した消費行動

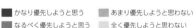

生物多様性に配慮した製品・サービスの優先度

【設問】
あなたは生物多様性に配慮した製品・サービスを優先的に購入しようと思いますか。

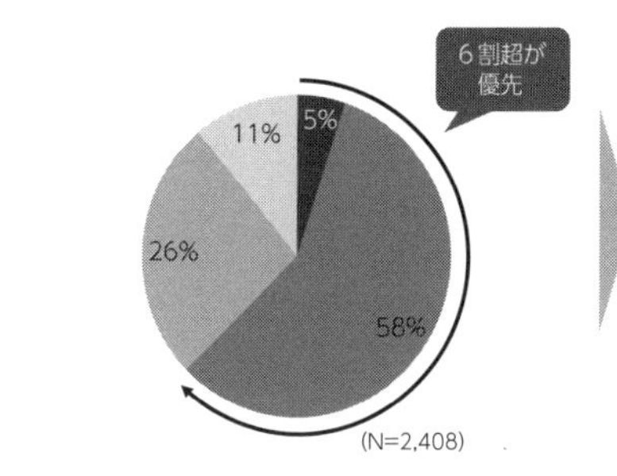

優先する消費者が許容するプレミアム価格

【設問】
生物多様性に配慮した製品・サービスが，配慮していない製品・サービスに対して価格が割高の場合，あなたは配慮していない製品・サービスの価格に対してどの程度までであれば，割高な価格を許容しようと思いますか。

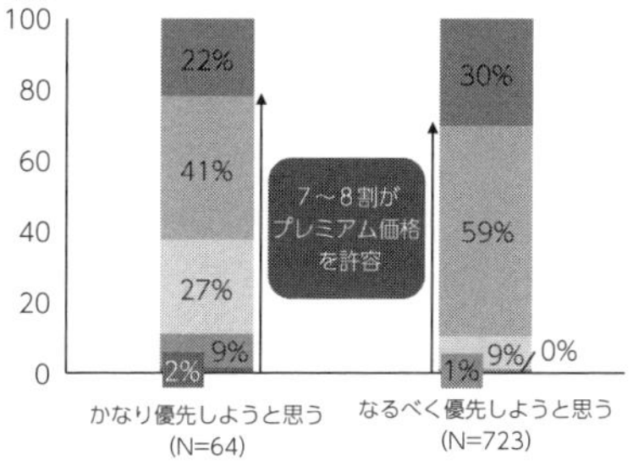

1倍まで　1.2倍まで　1.5倍まで　2倍まで　2倍以上

（出所）NRI作成

2　差別化戦略としての商品・サービスへの反映

顧客体験価値を向上することで消費者の”共感力を高め，新たな市場を開拓する

■消費者のメリットと満足度を満たす商品・サービスで差別化につなげる

前述した消費者の動向に関するアンケート結果「生物多様性に配慮した製品を優先的に購入したいという消費者は6割以上」を踏まえると，生物多様性の取り組みは自社製品・サービスの売上，他社との差別化につなげることができるのではないかと考えられます。しかし，「自社製品は生物多様性に配慮している」と訴求するだけでは，他社の生物多様性に関する取り組みが進んでいない初期段階では差別化につながるものの，取り組む企業の増加に応じてその差別化要素は薄くなってしまいます。そのため，「自社の製品・サービスだからこそ」選んでもらうためには，事業特性・ビジネスモデルをふまえて他社と違う仕組みで生物多様性の取り組みにつなげることが重要だと考えられます。

■リサイクルループの中に“体験価値”を埋め込むことで顧客獲得や顧客との関係構築につなげる

事業特性・ビジネスモデルに生物多様性の考えを組み込み，消費者の体験価値・共感を高めることで「ファン」を獲得し企業価値向上に成功している企業例としては，第5章2 1で紹介したOnが挙げられます。「The shoe you will never own（あなたのものには決してならないシューズ)」として打ち出し，「You're in the loop（あなたは循環サイクルの中に)」と記載した回収袋に消費者が使用済みの靴を入れて返却するといった，消費者が参加するビジネスモデルを構築しています。この靴を返却する行動を通じて，消費者は自身の使っている資源は自分のものではなく自然の一部であることを認識し，自身の行動が資源循環や自然の保全につながることを「実感」できることでブランドに共感し，ファンとしての意識が高まると考えられます。その結果，顧客と長期的な関係を築くことができ，他社との差別化につながると捉えられます。

Onにみられるように，環境配慮を自社のコンセプトとして訴求することで，商品・サービスの魅力によってファンを獲得して，自社製品を選んでもらう戦略は，顧客の体験価値といった面において，非常に重要になるのではないで

しょうか。

海外企業だけでなく，日本企業でもこの戦略に該当する取り組みは始まっています。例えば第５章1１で紹介した資生堂では，自社の日焼け止めから流出する紫外線防御材の海洋流出動態を研究し，自社製品の環境へ与える影響を分析し，分析結果の開示や製品開発への反映に取り組んでいます。これは，消費者に対して製品が環境に与える影響についての気づきを与えるだけでなく，それを克服する形で製品を改善することで他社製品との差別化につなげていると捉えられます。自然に配慮した新製品をイチから開発するのではなく，既存の製品における依存・影響を分析して，新しい価値を訴求する方法は，ネイチャーポジティブ対応を差別化戦略に活かせる方法として，多くの企業が取り組みやすいのではないでしょうか。

《図表》共感した生物多様性の考えにアクションとして実際に参加できることによる，ブランド戦略としての「ファン」の獲得

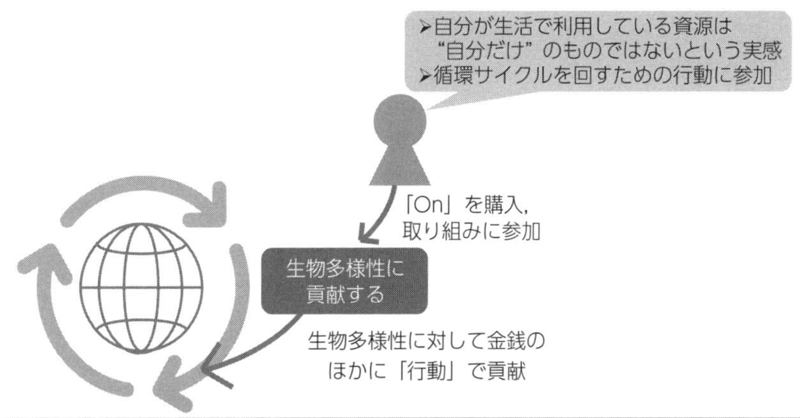

（出所）NRI作成

1　地域・NGO・他企業との共創

取り組みを実現・加速するために，Moon Shotに賛同してくれる地域やNGO・他企業と共創する

■ネイチャーポジティブは１社のみでは実現できず，Moon Shotに共感してくれるステークホルダーと共創することが大切

ネイチャーポジティブは決して１社のみで実現できるものではなく，ステークホルダーとの共創が成功の鍵となります。地域性を考慮する必要があるため，地域社会との連携は必須であり，さらに，専門性の高いNGO・NPOや同じMoon Shotを掲げる競合他社とも共創することも必要です。共創するためには，前述したMoon Shotを明確に打ち出しながら，そのMoon Shotに賛同してくれるステークホルダーと共創していくことが求められます。

■ネイチャーポジティブは地域社会やNGO・NPOとの連携がしやすい領域

第２章で述べたように，ネイチャーポジティブは地域性が大きく出るテーマであるため，地域社会と連携することが必須となります。例えば，国内のある運用会社では，小学校と連携しながらブルーカーボン事業に関する取り組みを進めています。国内消費財メーカーでは地方自治体と協働した洗剤の容器包装の回収を進めています。

ネイチャーポジティブ対応は専門性を必要とする場合もあり，NGOやNPOなどとの共創も有用と考えられます。例えば，海外のある企業では，NPOと生物多様性に関する指標を共同開発し，原料生産のための土地利用がもたらす生物多様性への影響を測定・評価できる指標を開発しました。

多くの企業にとって地域社会やNGO・NPOと対話する機会はこれまで限定的だったと思いますが，ネイチャーポジティブ対応を進めていくうえでは，自社のMoon Shotに共感してくれそうな地域社会やNGO・NPOと積極的に対話していくことが大切です。

■競合とは目指すMoon Shotが近くなることも多く，共創することで取り組みが加速しやすい

国内においても，従来は競合視していた企業同士が同じ目標を達成するため

に手を取り合い，共同で研究開発を進め，消費者への啓蒙を進めるケースが増えています。競合企業は同じMoon Shotを掲げるケースが多く，1社だけでは目標達成までに時間がかかりそうな取り組みでも，複数社で開発等を行うことで取り組みを加速させることが可能となります。

自社のMoon ShotやKPIが設定できたら，積極的に開示するとともに，近いMoon Shotを掲げている企業と対話の機会を設け，共創の可能性を探ることが望ましいです。自社だけでは気づかなかったような共創の可能性や，新しい取り組みに気づくチャンスにもなり得ると考えられます。

《図表》地域社会・他企業・NGO/NPOとの共創イメージ

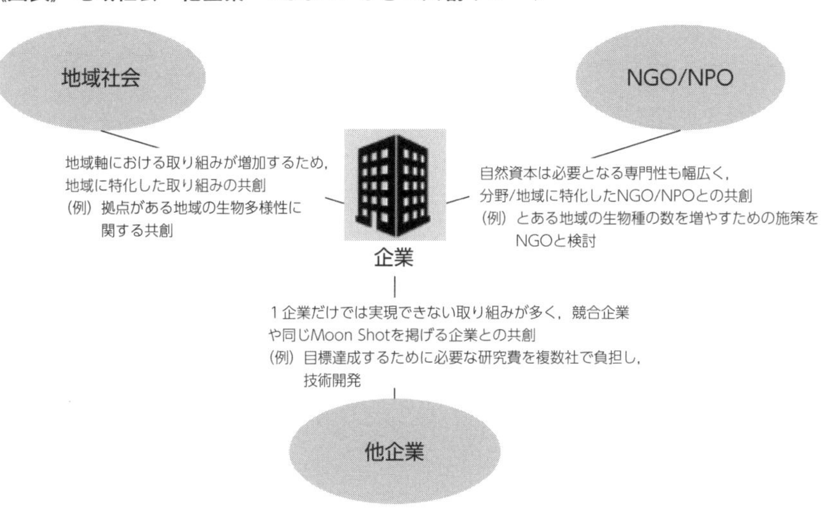

（出所）NRI作成

2　投資家とのエンゲージメントの高度化

積極的な開示を進め，投資家とのエンゲージメントを高度化させる

■ネイチャーポジティブ対応に限らず，投資家は企業との対話を求めている

近年，年金基金などのアセットオーナーに加え，運用会社による企業へのエンゲージメント活動が活発化しています。機関投資家の集団的（collective）エンゲージメントが進展し，機関投資家の行動に合わせて環境面や人権面などで活動目的を有するNGO・NPOの関与が強まっていることにより，投資家の企業への影響力が高くなっているといえます。

投資家からは「日本企業は海外企業と比較すると，投資家とのエンゲージメントを重要視していないように見える。もっと情報を開示し，一緒に検討をしていきたい」との声を多く聞きます。ネイチャーポジティブに限らず，企業にとって投資家とのエンゲージメントは極めて重要です。投資家のネイチャーポジティブに関する注目度もここ数年で一気に高まっていますが早い段階から投資家とのエンゲージメントを高度化させ，投資家を企業変革のためのパートナーとして巻き込むことが重要です。

■現在の成果だけではなく，できていないことも含めて開示する

投資家エンゲージメントを実施する際の開示ポイントとして，「現在の成果と課題：今できていることやできていないことは何か」，「将来の企業像：将来どのような企業になりたいか」，「現在と未来のギャップ：未来の企業像実現のためにどのような施策を行うか」の3つが挙げられます。多くの企業は現在の成果を中心とした開示を行っていますが，成果のアピールだけではなく，将来に向けて改善が必要な点も含めて共有することが大切です。改善点を開示していくことで，投資家を巻き込みながら具体的な取り組みなどを検討していくことが可能となります。

さらに，多くの国内企業は，海外企業と比較して，取り組んでいることを社外にうまくアピールできていないという現状もあります。特にネイチャーポジティブ対応においては，日本企業はネイチャーポジティブに資する取り組みを従前から行っているケースが多いです。こうした取り組みは正しく評価される

べきであり，これらの成果を投資家へ伝えるためには，ネイチャーポジティブに関する国際的な動向を踏まえながら，取り組み内容やその成果を開示ストーリーにうまく落とし込む必要があります。

■投資家に向けたESG説明会実施に加え，コミュニティへの参画も効果的

近年，投資家向けにESG説明会を開催する企業が増加しています。新しいESGテーマであるネイチャーポジティブについて，企業がどのような取り組みを実施していくべきかを投資家と検討する場を設けることは，非常に有意義であるといえます。

投資家や運用会社との交流の場となるイベントやコミュニティへの参加も重要です。国内企業ではそのような場への経営層の参加が少ないですが，海外企業は経営層が直接参加して投資家と対話を行い，将来的に何が求められるのかを探っています。自社に関係する投資家だけでなく，多くの投資家との対話の場を設けることも一考に値すると考えられます。

《図表》投資家エンゲージメントにおける開示ポイント

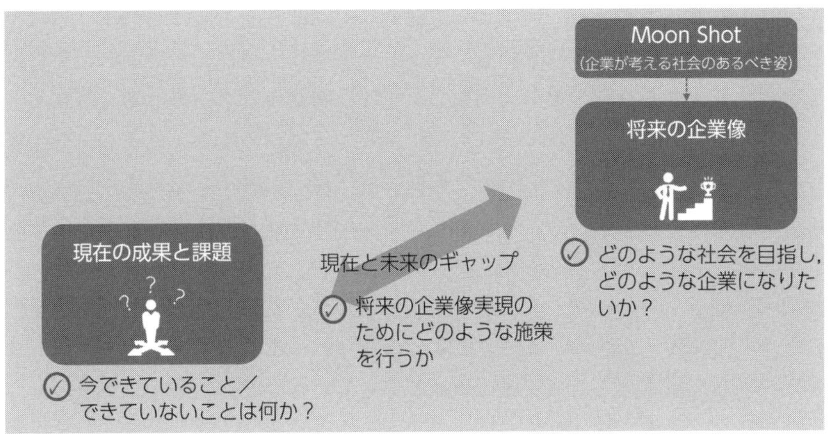

（出所）NRI作成

3　従業員を巻き込んだ施策検討・実施

地域性を活かしながら従業員を巻き込んで施策を検討・実施していくことで取り組みを加速させる

■ネイチャーポジティブは従業員が身近に感じやすいテーマである

ネイチャーポジティブは，他のESGテーマに比べ，従業員が身近に感じやすいテーマだといえます。例えば，従業員視点ではGHG排出はイメージが沸きづらいですが，自分が住んでいる地域の森林や河川の状況は生活に直結するためイメージが沸きやすいです。そのため，ネイチャーポジティブに関する取り組みを加速させるには，自社の従業員をいかに巻き込めるかが大きな成功要因といえます。さらに，従業員自身がネイチャーポジティブに関する取り組みを自分ごととして捉えることで，従業員エンゲージメント向上にもつながり，離職防止等の間接的な効果も期待できます。

■地域性を活かして従業員を巻き込んだ施策展開を行うことが効果的

前述のとおりネイチャーポジティブ対応は，地域性が特徴として挙げられます。そのため，拠点や工場を保有している企業では，拠点や工場ごとに従業員を巻き込みながら施策を検討・実施していくことが有効であると考えられます。もちろん，Moon Shot自体は経営層が決定し，各拠点や工場に落とし込む必要があります。しかし，Moon Shotをもとに各拠点・工場にて施策・指標案を検討し，ボトムアップ式で本社に提示することで地域性を加味した施策を盛り込むことが可能となります。

施策を検討する際には，各拠点や工場の従業員がネイチャーポジティブを自分ごととして捉えてコミットできるような施策にすることも大切です。地域にコミットした施策であれば，その地域に住んでいる従業員にとって共感しやすいものになります。

■従業員を巻き込むためには社内への理解浸透が必須となる

従業員を巻き込むためには，従業員がネイチャーポジティブの概念や会社のMoon Shotをきちんと理解し，施策を自分ごと化する必要があります。近年では多くの企業が，従業員が主体的にネイチャーポジティブ（もしくはサステナビリティ）に関する施策に取り組めるように，社内浸透に力を入れています。

一般的に，サステナビリティに関する従業員浸透は「①認知」「②知識・理解度の強化（自分ごと化）」「③業務での実践」の３段階にて浸透していくといえます。特に時間を要するのは，「②知識・理解度の強化（自分ごと化）」です。従業員浸透は短期間で実施することは難しいため，1-3年にて徐々に従業員が自分ごと化で考えられるような計画を立てていくことが重要です。このような浸透活動を通じ，従業員を施策にコミットさせることが，ネイチャーポジティブの取り組みを加速させる重要な要因となります。

《図表》従業員を巻き込んだ施策検討スキーム

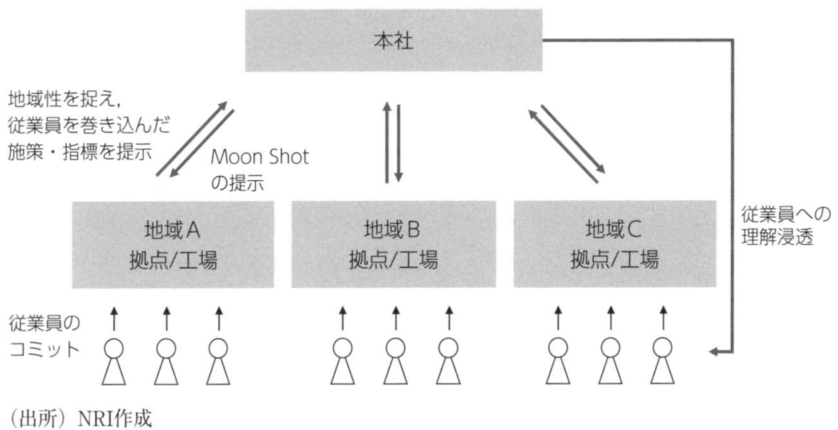

（出所）NRI作成

《図表》サステナビリティに関する従業員への浸透プロセス

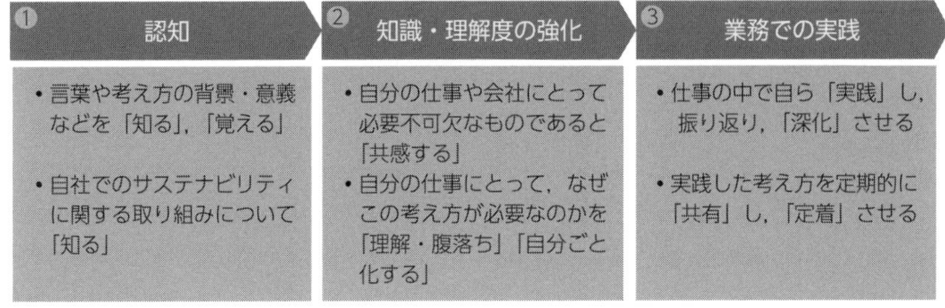

（出所）NRI作成

1　アドボカシー活動の推進

アドボカシー活動の推進を取り組みの加速やブランドイメージ向上につなげ，企業価値向上への好循環サイクルを生む

■アドボカシー活動を行うことでMoon Shot実現に向けた取り組みが加速

事業活動への反映に向けたアクションについて，前項までに述べてきました。より一層これらの取り組みを加速させ，企業価値向上を目指すために，最後に推奨する取り組みはアドボカシー活動です。アドボカシー活動とは，特定の課題を解決するために，業界の垣根を越えて知見・経験・ツールなどを積極的に共有し，発信する活動のことです。一般的に，このようなアドボカシー活動を実施している企業は，パーパス経営を体現している企業として社内外の認知が高い企業としても知られています。国内において現時点ではアドボカシー活動を実施している企業はあまり多くないように見受けられますが，海外では，まずは自社の事業に先行投資を行いながらも，積極的にアドボカシー活動を行い，業界全体の意識レベルや取り組みを底上げしている例を多く見かけます。

アドボカシー活動は，一見すると自社のメリットには直接的につながっていないように思えますが，業界全体の底上げを行うことで，自社が共創するような企業や団体の取り組みを底上げすることができ，最終的には自社のMoon Shot達成に向けた取り組みを加速させることができます。アドボカシー活動を行うためにはコストがかかりますが，最終的にMoon Shot達成に向けた取り組みが加速することで，企業価値向上や収益増加につながり，先行投資を回収することができるという好循環サイクルが生まれます。

■他社に先駆けてアドボカシー活動を実施することでブランドイメージ向上にもつながる

アドボカシー活動はMoon Shot達成に向けた取り組みを加速させるだけでなく，投資家等のステークホルダーからネイチャーポジティブに先進的に取り組んでいる企業であると認識され，ブランドイメージ向上にもつながります。実際に多くのアドボカシー活動を行っているとある企業は，「Global 100 most sustainable companies」の常連企業となっており，サステナビリティ先進企業としても知られています。ネイチャーポジティブの取り組みを単なるESG対

応として捉えるのではなく，企業価値向上につなげるためには極めて有効的な取り組みといえます。

国内外におけるネイチャーポジティブに関する規制やツールが開発途中である今だからこそ，他社に先駆けてアドボカシー活動をしていくことで，企業のブランド価値向上にも強いインパクトを与えることができると考えられます。一見するとハードルが高いと思われがちなアドボカシー活動ですが，まずは特定地域の取り組みの底上げなど，少し範囲を狭めて考えてみることをお勧めします。さらには，１社だけでなく，複数社でアドボカシー活動を行うこともよいでしょう。

これからネイチャーポジティブ対応に取り組む企業にとって，できる取り組みから始めることはとても大切です。しかし，短期的な目線で考えるだけでなく，中長期的な目線にてアドボカシー活動を行うことも視野に入れつつ，今の段階から事業への積極的な先行投資を行うことを検討することが望ましいと考えられます。

《図表》アドボカシー活動による企業価値向上への好循環サイクル

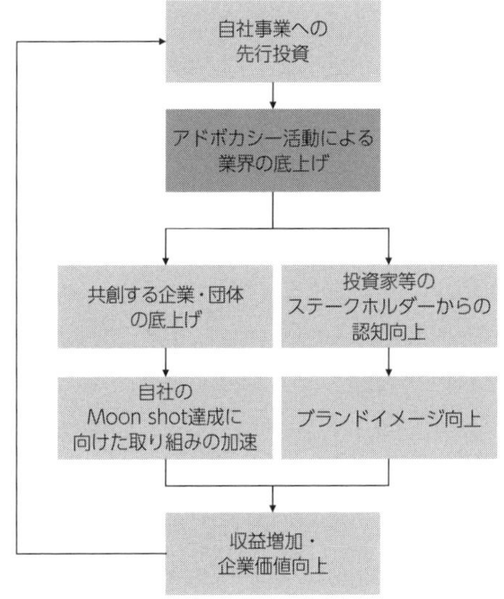

（出所）NRI作成

おわりに
～ネイチャーポジティブはステークホルダーから“選ばれる企業”になるための新機軸になりえる～

■ネイチャーポジティブ対応は「儲かるのか？」

民間企業の皆様と議論をしていると，「ネイチャーポジティブに対応するためには投資や費用を要するものの，商品やサービスへの価格転嫁が難しく，結局は儲からないのではないか？」という御意見をよく耳にします。また，先進的にネイチャーポジティブに取り組んでいる企業の方に，「ネイチャーポジティブ対応に必要な投資や費用は，価格転嫁できていますか？」と伺っても，明確に「できています」とお答えいただくケースはまだまだ少ないというのが実状です。

本書第6章で紹介したように，弊社が実施したアンケート調査によれば，「あなたは生物多様性に配慮した製品・サービスを優先的に購入しようと思いますか」という設問に対しては6割以上の消費者が「優先的に購入しようと思う」と回答し，そのうち，7-8割の人がプレミア価格を許容すると回答しました。このことから，すでに日本において，ネイチャーポジティブに配慮した意識・行動の変容は始まっていると考えられます。しかしながら，消費財を中心とした価格感度が高い商品にまで浸透するには，まだまだ時間が必要でしょう。

欧州をはじめ，規制等によって市場形成を進めようという動きも活発化していますが，財政難も抱える日本で実現するためには，やはり国民の理解が必要となります。いずれにせよ，企業におけるネイチャーポジティブ対応のコストを，何らかの形でエンドユーザー価格に転嫁していくことができるようになるには，まだまだ時間が必要といわざるを得ません。

■ネイチャーポジティブ対応で「企業価値は高まるのか？」

ではせめて，企業価値向上や株価向上に寄与することが明確になれば，企業におけるネイチャーポジティブ対応も進むと考えられるのですが，どの程度の対応をすれば，どの程度の効果があるかを具体的に立証するのは難しいといわれています。というのも，企業価値や株価は非常に多様な要素の影響を受けるため，ネイチャーポジティブ対応だけを取り出して因果関係を分析することには限界があるのです。

しかしながら，本書の「投資家の声」等でも紹介したように，投資家の関心度は高まっていますし，投資判断のうえでも重要視されはじめていることは間違いありません。経済動向や株式市場動向によっては，ESG投資に対して懐疑的な見方をされることもありますが，多少の揺り戻しがあったとしても，基本的にはESG投資が拡大していくことは間違いないと考えています。

■経営トップがコミットしないと進まないのか？

以上のように，ネイチャーポジティブ対応の効果を短期的に享受することは簡単ではありません。そのため本書第6章でも，「経営トップ自らがMoon Shotを提示すべき」と申し上げました。中長期的にネイチャーポジティブ対応を進めることで，事業性を高め，企業価値や株価を高めていくことが重要です。とはいえ現実問題としては，短期的な事業性や株価も，経営者にとって非常に重要です。最近では，「両利きの経営（新しい革新的な事業を開発しつつ，既存の事業ラインを維持するといった考え方）」の重要性が盛んに唱えられるようになっています。両利きの経営を行うためには，企業が短期と中長期の2つの戦略をうまく組み合わせ，バランスを取る必要があるのですが，中長期的な対応が後手に回ってしまうことも少なくありません。

しかしながら，ネイチャーポジティブ対応はまず，自社がどのような自然と関係し，依存し，影響を及ぼしているのかを分析することから始めなければなりませんし，改めて分析することで，すでに対応できていることを発見できるケースも多々あります。たとえ，経営者のコミットを引き出せなくても（あるいは，引き出すためにも），担当ベースで取り組める領域も少なくないと考えています。

■“敢えて”時間をかけて検討・対応するのが望ましい

ネイチャーポジティブ対応は，財務的にはもちろん非財務的にも短期的な成果を享受することは簡単ではありません。だからこそ，経営トップ自らが，多様なステークホルダーから共感の得られるMoon Shotを提示し，“敢えて”時間をかけて検討・対応するのが望ましいと考えています。

ネイチャーポジティブ対応の必要性に対し，日本はもちろん世界的に理解が拡がり，深まってくれば，プレミアム価格も徐々に許容されていくでしょう。

そうなってくれば，ネイチャーポジティブ対応のための投資や費用をエンドユーザー価格に転嫁することができるようになります。そのためには，相応の時間が必要になりますが，その間，デジタル技術をはじめとしたさまざまな技術開発（コスト削減を含む）も進むと見込まれます。逆にいえば，技術開発の分野では，ネイチャーポジティブ対応に関するニーズが高まるでしょう。

また，企業活動におけるネイチャーポジティブ対応を評価するためには，多種多様なデータが必要になりますが，データ整備や利用環境整備も徐々に進むものと見込まれます。そういう意味でも，戦略的に時間を掛けながら検討・対応を進めるのが望ましいといえます。なお，データ整備や利用環境整備の観点からは，国や地方自治体等の行政機関が果たすべき役割も大きいのではないでしょうか。

加えて，自然資本や生物多様性は，日本人や日本企業が昔から「意識せずに」取り組んできたテーマでもあります。先述したように，まずは自社の取り組みを棚卸してみることも有効ではないでしょうか。

■だからこそ，中長期的に目指す方向性を提示することが大事

欧州企業の取り組みを見てみると，10年先の目指す姿を提示して，５年後にまた10年先に目指す姿を提示しているケースが散見されます。つまり，最初に提示した10年先の目指す姿が達成されたのかどうか具体的にレビューされていなかったりします。その是非に議論の余地はあるかもしれませんが，企業を取り巻く外部環境が目まぐるしく変わるからこそ，目指す姿が変わることは当然という考え方なのかもしれません。

それでも，投資家をはじめ，従業員（含．採用市場）や顧客・取引先などに，自社が中長期的に目指す姿を提示することは，自社を“選んでもらう”ためにも必要なことではないでしょうか。ネイチャーポジティブはステークホルダーから“選ばれる企業”になるための新機軸になりえると信じています。

謝　辞

最後になりましたが，この書籍を作り上げるまでの道のりには多くの方々の支えがありました。ここに心からの謝意を表します。

まず，専門的見地からさまざまな御意見をいただいた皆様や，インタビューに御協力いただいた皆様に心から感謝いたします。情報管理の観点から敢えて，固有名を記載することは避けさせていただきますので，御理解いただけると幸いです。また，本書の出版を実現させてくださった株式会社中央経済社ホールディングスの皆様にも感謝の意を表したいと思います。特に，奥田真史さんには本書の企画段階から，貴重なアドバイスやサポートをいただきました。本当にありがとうございました。

そして何より，「ネイチャーポジティブ」というキーワードの認知度が決して高くない頃から，本テーマを研究し，コンサルティングサービスとして提供できるようになるまで，厳しいアドバイスやさまざまなサポートをいただいた，弊社コンサルティング事業本部長の森沢伊智郎常務執行役員，同じくDX事業推進会議委員長の野口智彦常務執行役員，同じく前コンサルティング事業本部長の立松博史顧問に，心から御礼申し上げます。

最後に，私達をいつも支えてくれる同僚や友人，そして家族に感謝の言葉を捧げたいと思います。私達がこの書籍の執筆に取り組むことができたのは，皆さんの温かい支援のお陰です。このような素晴らしい仲間や家族に支えられ，研究やコンサルティングサービスを重ねる中で得た知識や経験を，この書籍に詰め込むことができました。本当に感謝の気持ちでいっぱいです。

最後になりましたが，本書を手に取ってくださる皆様にも心から感謝いたします。皆様に，私達の想いが少しでも伝わることを願っております。

ありがとうございました。

著者チームを代表して
株式会社 野村総合研究所
コンサルティング事業本部 統括部長　兼
サステナビリティ事業コンサルティング部長　兼
コンサルティング事業本部DX事業推進部長
榊原　渉

本書を理解するための用語集

愛知目標

第10回生物多様性条約締約国会議（COP10）で採択された生物多様性の損失を止めるための20項目から構成される目標

移行機会

低炭素経済やネイチャーポジティブ経済などへの移行に伴って発生する政策・法規制・技術革新・市場嗜好の変化などに起因した事業機会

移行リスク

低炭素経済やネイチャーポジティブ経済などへの移行に伴って発生する政策・法規制・技術・市場嗜好の変化などに起因した事業リスク

インフレ抑制法・超党派インフラ法

2021年４月に米国のバイデン政権が看板政策として議会に提出した「米国雇用計画」（インフラ投資や供給網の強化）と「米国家族計画」（人的投資や気候変動対策）からなる４兆ドル規模の成長戦略を推進するための法案

エレン・マッカーサー財団

循環経済への移行の加速化を目的として2010年に設立された団体で，企業，政府や学術界に循環経済の概念を確立した。教育，ビジネスと政治，洞察と分析，コミュニケーションという４つの相互に関連する分野に焦点をあてている

欧州グリーンディール

2019年12月に欧州委員会が発表した，持続可能なEU経済の実現に向けた成長戦略

カーボンニュートラル

温室効果ガスの排出量から吸収量と除去量を差し引いた合計がゼロ（ネットゼロ）の状態

サーキュラーエコノミー（循環経済）

これまでの大量生産，大量消費，大量廃棄型の経済・社会様式とは異なり，資源・製品の価値の最大化を図り，資源投入量・消費量を抑えつつ，廃棄物の発生の最小化につながる経済・社会の様式

サーキュラーエコノミーに向けたEU行動計画

2020年３月に欧州委員会が発表した，2030年までの10年間に，EU内での消費廃棄物の半減と経済活動での資源利用の半減を目指した行動計画。経済活動と自然資源を「切り離し（デカプリング）」，2050年までのカーボンニュートラル実現を支えるとしている

システミックリスク

個別の金融機関の支払不能等や，特定の市場または決済システム等の機能不全が，他の金融機関，他の市場，または金融システム全体に波及するリスク

自然資本

森林，土壌，水，大気，生物資源など，自然によって形成される資本

森林・土地利用に関するグラスゴー・リーダーズ宣言

第26回気候変動枠組条約締約国会議（COP26）で開催された「世界リーダーズ・サミット」で発表された宣言で，2030年までに森林の消失と土地の劣化を食い止め，状況を好転させるため，森林保全とその回復促進などの取り組み強化を目指す

森林破壊防止デューデリジェンス義務化規則

気候変動対策と生物多様性の保護のため，EU域内で販売，もしくは域内から輸出する対象品が森林破壊によって開発された農地で生産されていないことを確認するデューデリジェンスの実施を企業に義務づける規則

生産年齢人口割合

全人口に占める15歳以上65歳未満の人口比率

生態系サービス

食料や水の供給，気候の安定など，生物多様性を基盤とする生態系から得られる便益

生物多様性

生物の豊かな個性とつながり。生物多様性条約では，生態系の多様性・種の多様性・遺伝子の多様性という３つのレベルで多様性があるとしている

生物多様性国家戦略2023-2030

昆明・モントリオール生物多様性枠組を踏まえて改定された生物多様性に関する日本の新たな国家戦略。2030年のネイチャーポジティブ（自然再興）の実現を目指し，地球の持続可能性の土台であり人間の安全保障の根幹である生物多様性・自然資本を守り活用するための戦略

ダスグプタ・レビュー

2021年２月に発表された，生物多様性の経済学に関する中立かつグローバルなレビューで，生態系のプロセスおよび経済活動がそれらに及ぼす影響への深い理解の下，経済学及び意思決定において自然を考慮するための新しい枠組みを提示している

デューデリジェンス

企業の価値やリスクなどを調査すること。投資対象の調査などを表す用語として広く使われるが，企業の環境負荷やリスク等を調査する場合にも用いられる

ネイチャーポジティブ

愛知目標をはじめとするこれまでの目標が目指してきた生物多様性の損失を止めることから一歩前進させ，損失を止めるだけではなく回復に転じさせることを目指す概念

ネイチャーポジティブ経済移行戦略

2024年３月に環境省などが発表した，ネイチャーポジティブ経済（ネイチャーポジティブの実現に資する経済）への移行に向けた日本のビジョンや戦略

バタフライダイアグラム

エレン・マッカーサー財団が提唱したサーキュラーエコノミーの概念図。左側に生物サイクル，右側に技術サイクルが描かれており，蝶のような形に見えることからそのように呼ばれる。限りある資源をさまざまなやり方で循環させようという考え方を表している

非生物的サービス

基礎的な地質学的プロセス（鉱物，金属，石油と天然ガス，風，潮流，年間を通じた季節など）から得られる便益

物理リスク

気候変動や自然の劣化，それに伴う生態系サービスの喪失による資産の直接的な損傷やサプライチェーンの寸断による財務損失のことで，急性リスク（台風・洪水など）と慢性リスク（海面上昇など）に分類される

文化的サービス

ミレニアム生態系評価（MA）で分類された生態系サービスのひとつで，自然景観の保全，レクリエーションや観光の場と機会，文化のインスピレーション，芸術とデザイン，神秘体験，科学や教育に関する知識に細分化される

水ストレス

水需給のひっ迫状況を示す指標。例えば，再生可能な地表水および地下水の供給量に対する水の総需要量の割合

みどりの食料システム戦略

2021年５月に農林水産省が発表した，食料・農林水産業の生産力向上と持続性の両立をイノベーションで実現し，持続可能な食料システム構築を目指す戦略

リジェネラティブ農業（環境再生型農業）

農地の土壌を保全するだけではなく，劣化した土壌を回復・再生させる農法。より多くの食料生産が可能となることに加えて，炭素貯留量の増加や，周囲の環境や生態系の改善にもつながる

リニアエコノミー

大量生産・大量消費・大量廃棄の経済・社会様式

企業持続可能性デューデリジェンス指令案

2022年２月に欧州委員会が発表した，特定の企業に対して企業活動における人権や環境への悪影響を予防・是正する義務を課す指令

供給サービス

ミレニアム生態系評価（MA）で分類された生態系サービスのひとつで，食料供給，水流の調整および浄水を含む水供給，燃料および繊維などの原材料，遺伝資源，薬用資源および他の生化学資源，観賞用資源に細分化される

森林・農業・コモディティ対話（FACT対話）

第26回気候変動枠組条約締約国会議（COP26）の議長国である英国とインドネシアが共同議長を務める対話。持続可能な貿易と開発を促進しつつ，各国が森林減少を削減するための行動について，グローバルなロードマップに合意することを目指したもの

生物多様性民間参画ガイドライン第３版

環境省が事業者向けに提供している，生物多様性の保全と持続可能な利用を進めていくうえで，企業活動が重要な役割を担っているという認識の下，基礎的な情報や考え方などを取りまとめたガイドラインの第３版

調整サービス

ミレニアム生態系評価（MA）で分類された生態系サービスのひとつで，大気質の調整及び他の都市環境の質の調整，気候調整，局所災害の緩和，土壌浸食の抑制，地力の維持および栄養循環，花粉媒介サービス，生物的コントロールに細分化される

農林水産省生物多様性戦略

2023年３月に農林水産省が発表した，今後10年間を見通した農林水産業における生物多様性に関する課題や施策の方向性を示す新たな戦略

CBD（Convention on Biological Diversity：生物多様性条約）

生物多様性の保全，生物多様性の構成要素の持続可能な利用，遺伝資源の利用から生ずる利益の公正かつ衡平な配分を目的とした条約

CBD-COP（Convention on Biological Diversity - Conference of the Parties：生物多様性条約締約国会議）

生物多様性条約の最高意思決定機関であり，締約国の目指すべき政策指針や作業計画を決定し，実施状況の確認などが行われる

CBF（Corporate Biodiversity Footprint：企業による生物多様性への影響）

Iceberg Data Labが開発した，企業が生物多様性に与える影響の指標。金融機関の大規模なポートフォリオにおいて，バリューチェーン全体の構成要素のうち最も影響を与える要素をカバーし，科学的根拠に基づき測定可能なアプローチ手法がとれるよう設計されている

CDP（Carbon Disclosure Project：カーボン・ディスクロージャー・プロジェクト）

英国の慈善団体が管理する非政府組織（NGO）であり，投資家，企業，国家，地域，都市が自らの環境影響を管理するためのグローバルな情報開示システムを運営。投資家からの要請による企業への質問書を通じて，気候変動，森林，水セキュリティの観点から企業をスコアリングしている

CSRD（Corporate Sustainability Reporting Directive：企業サステナビリティ報告指令）

2023年1月に施行された，EUにおける企業のサステナビリティ情報開示に関する指令。従来のNFRDでは対象となる企業が限定的で，また開示企業でも情報量が不十分，あるいは信頼性や比較可能性に乏しい状況にあり，これに対処するため，NFRDの内容を更新・強化した

ENCORE（Exploring Natural Capital Opportunities, Risks and Exposure）

自然資本金融同盟などが開発・維持している自然資本評価ツール

ESRS（European Sustainability Reporting Standards：欧州サステナビリティ報告基準）

2022年に欧州委員会が発表した，企業サステナビリティ報告指令に基づく報告基準で，グローバル・ベースラインや米国SEC基準より幅広い環境，社会，ガバナンスをカバーする情報開示を求める基準

EUタクソノミー

「環境面で持続可能な経済活動」に該当する活動の分類のことで，経済活動は次の４項目をすべて満たした場合に環境面でサステナブルとされる

① ６つの環境目的の１つ以上に実質的に貢献する
② ６つの環境目的のいずれにも重大な害とならない（DNSH）
③ 最低安全策（人権など）に準拠している
④ 専門的選定基準（上記①・②の最低基準）を満たす

FANPS（Finance Alliance for Nature Positive Solutions：ネイチャーポジティブ・ソリューションに向けた金融アライアンス）

三井住友フィナンシャルグループとMS&ADインシュアランスグループホールディングス，日本政策投資銀行，農林中央金庫による４社アライアンスで，企業活動が自然環境にプラスの影響を与えるネイチャーポジティブ実現を支援する取り組み

Farm to Fork戦略

2020年５月に欧州委員会が公表した，持続可能な経済社会に向けた包括的な構想である「欧州グリーンディール」を実現するため農業部門において核になる戦略

FBP（Finance for Biodiversity Pledge：金融による生物多様性誓約）

欧州の資産運用会社や保険会社を中心とした金融機関26社による，生物多様性の目標を資産運用に盛り込むとともに，世界のリーダーに向けて積極的に働きかけることを目的とした宣言

GBF（昆明・モントリオール生物多様性枠組）

2022年の第15回生物多様性条約締約国会議（COP15）で採択された生物多様性保全に関する枠組。2030年までに陸と海の30％以上を保全する「30by30目標」や，ビジネスにおける生物多様性の主流化などを目指すもの

GHG（Green House Gas：温室効果ガス）

太陽光によって暖められた地表面は，熱を赤外線として宇宙空間へ放射するが，その熱（赤外線）を大気中で吸収する性質を持つ二酸化炭素（CO_2）やメタン（CH_4）などのガス

GPIF（Government Pension Investment Fund：年金積立金管理運用独立法人）

厚生労働大臣から寄託された年金積立金の管理・運用を行い，その収益を国庫に納付することにより，年金財政の安定に貢献する組織

GRI（Global Reporting Initiative：グローバル・レポーティング・イニシアチブ）

1997年に米国ボストンで設立された，企業の責任ある環境行動原則に対する遵守を担保する説明責任メカニズムを作成するイニシアチブ

IFRS（International Financial Reporting Standards：国際会計基準）

国際会計基準審議会が策定する会計基準

IIRC（International Integrated Reporting Council：国際統合報告評議会）

財務資本の提供者が利用可能な情報の改善，効率的に伝達するアプローチ確立等を目指して，2010年にA4S（The Prince's Accounting for Sustainability Project）とGRI（Global Reporting Initiative）によって設立された，規制者，投資家，企業，基準設定主体，会計専門家およびNGOにより構成される国際的な連合組織

IPBES（Intergovernmental Platform on Biodiversity and Ecosystem Services：生物多様性および生態系サービスに関する政府間科学-政策プラットフォーム）

生物多様性と生態系サービスに関する動向を科学的に評価し，科学と政策のつながりを強化する政府間のプラットフォームとして，2012年４月に設立された政府間組織

IPCC（Intergovernmental Panel on Climate Change：気候変動に関する政府間パネル）

1988年に世界気象機関（WMO）と国連環境計画（UNEP）によって設立された政府間組織で，各国政府の気候変動に関する政策に対し，科学的な基礎情報や知見を提供している

ISSB（International Sustainability Standards Board：国際サステナビリティ基準審議会）

国際会計基準（IFRS）財団傘下の組織で，国際的な議論やパブリックコメントを得て，2023年６月にサステナビリティ開示基準の「IFRS S１」と「IFRS S２」を公表。IFRS S１は，企業が短期，中期，長期にわたって直面するサステナビリティ関連のリスクと機会について投資家とのコミュニケーションを可能とするべく設計された一連の開示要求事項を提供するもので，IFRS S２は，気候関連の具体的な開示を定め，IFRS S１との併用を前提としている

LEAPアプローチ

自然との接点，自然との依存・影響，リスク・機会など，自然関連課題の評価のための統合的なアプローチとして，TNFDにより開発された

Moon Shot

前人未踏で非常に困難だが，達成できれば大きなインパクトをもたらし，イノベーションを生む壮大な計画や挑戦

MSCI（Morgan Stanley Capital International）

米国の投資銀行モルガン・スタンレー傘下の，株価指数の算出などを行っている金融サービス企業

NbS（Nature-based Solutions：自然を基盤とした解決策）

自然生態系や改変された生態系の保護，持続可能な管理，回復するための行動を通じた，社会課題の解決や，人々と自然に同時に利益をもたらす方策

NCFA（Natural Capital Finance Alliance：自然資本金融アライアンス）

2012年６月にリオデジャネイロで開催された「国連持続可能な開発会議（リオ＋20)」において国連環境計画・金融イニシアチブ（UNEP FI）が提唱した「自然資本宣言（The NaturalCapital Declaration)」の後継スキーム

NFRD（Non-Financial Reporting Directive：非財務情報開示指令）

2014年に欧州委員会が発表した，従業員500名以上の上場企業等に対して環境，社会，従業員，人権の尊重，汚職・贈収賄防止に関する情報開示を求める指令

OECM（Other Effective area-based Conservation Measures：自然共生サイト）

30by30目標の達成にあたって，法律等に基づく国立公園等の保護地域に加えて重要となる，保護地域以外で生物多様性保全に資する地域を指す

PASI（Principal Adverse Sustainability Indicators：サステナビリティの負の主要指標）

EUの金融市場におけるサステナビリティ開示ルールのうち，開示に必要となるサステナビリティに対して有害な主要指標のことで，気候その他の環境（E）に関連したものが16種類，人権，反腐敗など社会（S）・雇用関係に関するものが16種類で合計32種類用意されている。前者の例としては温室効果ガス排出量，エネルギー効率，生物多様性など，後者の例としては社会・雇用問題（ジェンダー問題など)，人権（強制労働など)，反腐敗などに関する定量的指標が含まれている

PRI（Principles for Responsible Investment：責任投資原則）

国連環境計画・金融イニシアチブ（UNEP FI）と国連グローバル・コンパクトと連携した投資家イニシアチブ

RSPO（Roundtable on Sustainable Palm Oil：持続可能なパーム油のための円卓会議）

持続可能なパーム油が標準となるよう市場を変革する取り組み

SBTi（Science Based Targets initiative：科学的知見に基づいた温室効果ガス排出削減目標イニシアチブ）

第21回気候変動枠組条約締約国会議（COP21）で採択されたパリ協定（世界の気温上昇を産業革命前より２℃を十分に下回る水準に抑え，また1.5℃に抑えることを目指す協定）に則して，企業が５～15年先を目標年として設定する温室効果ガス排出削減目標

SBTN（The Science Based Targets Network）

CDP，国連Global Compact，世界資源研究所（WRI），WWFを含む45以上の非営利団体と企業により設立された団体

SBTs for Nature（Science Based Targets for Nature：科学に基づく自然関連目標）

バリューチェーン上の水，生物多様性，土地，海洋が相互に関連するシステムに関して，企業などが地球の限界内で，社会の持続可能性目標に沿って行動できるようにする，科学的根拠に基づく測定可能で行動可能な期限つきの目標

SFDR（Sustainable Finance Disclosure Regulation：サステナビリティ関連情報開示規則）

2021年３月にEUで適用開始された，金融商品の環境・社会・ガバナンス（ESG）関連情報の開示を義務づける規則

TCFD（Taskforce on Climate-related Financial Disclosure：気候関連財務情報開示タスクフォース）

G20財務大臣・中央銀行総裁会合からの要請を受け，金融安定理事会（FSB）の下に設置された，民間主導による気候関連財務情報の開示に関するタスクフォース

TNFD（Taskforce on Nature-related Financial Disclosure：自然関連財務情報開示タスクフォース）

2019年1月の世界経済フォーラム年次総会（ダボス会議）で着想され，パリ協定，ポスト2020生物多様性枠組，SDGsに沿って，自然を保全・回復する活動に資金の流れを向け直し，自然と人々が繁栄できるようにすることで，世界経済に回復力をもたらすことを目指すタスクフォース

UNEP FI（United Nations Environment Programme-Finance Initiative：国連環境計画・金融イニシアチブ）

環境および持続可能性に配慮した金融機関の事業のあり方を追求，普及促進することを目的とした，世界各地の金融機関のパートナーシップ。世界の200を超える金融機関が署名している

UNEP-WCMC（United Nations Environment Programme-World Conservation Monitoring Centre：国連環境計画世界保全モニタリングセンター）

生物多様性，および生物資源の保全と持続可能な利用に関する情報を集約・管理している国連環境計画の下部組織

US EPA（United States Environmental Protection Agency：米国環境保護庁）

米国国民の健康と自然環境保護を目的とした米国連邦政府の行政機関

WBCSD（World Business Council for Sustainable Development：持続可能な開発のための世界経済人会議）

世界のリーディングカンパニーのCEOが率いるグローバルな組織であり，一企業の取り組みでは解決できない社会課題に対して，同業種・異業種の加盟企業間で協業し，リーダーシップを発揮することで，持続可能な未来の実現に取り組んでいる

WEF（World Economic Forum：世界経済フォーラム）

グローバルかつ地域的な経済問題に取り組むために，政治，経済，学術等の各分野における指導者層の交流促進を目的とした独立・非営利団体である。1971年，スイスの経済学者クラウス・シュワブによって設立された

WWF（World Wide Fund for Nature：世界自然保護基金）

1961年に設立された世界最大の自然保護団体。世界26か国に各国委員会，6か国に提携団体があり，約470万人，約1万社・団体の支援を受け，自然保護活動を行っている

2030年生物多様性戦略

2019年12月に欧州委員会が発表した「欧州グリーンディール政策」に基づき2030年までに陸域，海域ともに全体の面積の30％以上を保護区化する目標

30by30

2030年までに生物多様性の損失を食い止め，回復させる（ネイチャーポジティブ）というゴールに向け，2030年までに陸と海の30％以上を健全な生態系として効果的に保全しようとする目標

《著者紹介》

榊原 渉（さかきばら・わたる）

株式会社野村総合研究所
コンサルティング事業本部 統括部長　兼
サステナビリティ事業コンサルティング部長　兼
コンサルティング事業本部 DX事業推進部長

1998年３月に早稲田大学理工学研究科建設工学専攻修了。同年４月に株式会社野村総合研究所入社。2017年４月からグローバルインフラコンサルティング部長，2020年４月からコンサルティング人材開発室長を経て，2022年４月からサステナビリティ事業コンサルティング部長。2023年４月からはコンサルティング事業本部DX事業推進部長，2024年４月からはコンサルティング事業本部統括部長も兼務。2021年10月から北海道大学客員教授（現任）。専門はサステナビリティ経営全般，建設・不動産・住宅関連業界の事業戦略立案・実行支援など。
本書では以下を執筆，および全体を監修：はじめに，おわりに，Column1, 2

中田 北斗（なかた・ほくと）

株式会社野村総合研究所 コンサルティング事業本部
サステナビリティ事業コンサルティング部 シニアコンサルタント

2015年北海道大学獣医学部を卒業。国際協力機構 青年海外協力隊（感染症・エイズ対策，バングラデシュ/ザンビア），北海道大学 博士研究員，国際協力機構 長期在外研究員（毒性学，ザンビア）などを経て，2022年より現職。博士（獣医学），獣医師。主に自然資本・生物多様性（ネイチャーポジティブ）および循環経済（サーキュラーエコノミー）に関わる事業戦略立案，情報開示支援，政府・官公庁の政策立案などに従事。著書に『日本の国際協力 中東・アフリカ編』（ミネルヴァ書房・共著）など。
本書では以下を執筆：第２章，第３章，第５章，第６章，Column 3

漆谷 真帆（うるしだに・まほ）

株式会社野村総合研究所 コンサルティング事業本部
サステナビリティ事業コンサルティング部　シニアコンサルタント

2016年慶應義塾大学大学院 理工学研究科修了。株式会社野村総合研究所に入社後，サステナビリティ経営全般の経営・事業戦略策定〜実行支援，自然資本や人的資本等の個別イシュー対応支援，組織風土改革を専門としたコンサルティングに従事。うち，２年間にわたる同本部の人材戦略の立案・実行および採用担当を経て現職。
著書に『「注目ワード」で読み解く 金融業界の新常識』（銀行研修社・共著）。
本書では以下を執筆：第４章，第５章，第６章

中田 舞（なかた・まい）

株式会社野村総合研究所 コンサルティング事業本部
サステナビリティ事業コンサルティング部　シニアコンサルタント

2017年京都大学大学院 農学研究科修了。同年に株式会社野村総合研究所に入社後，人事戦略・人事制度設計，組織設計等の支援をしたのち，サステナビリティ経営の検討に従事。サステナビリティの観点からのビジョン，経営戦略策定～実行支援のほか，自然資本やサステナブル調達等の個別テーマ対応支援を専門としたコンサルティングを実施。著書に『「注目ワード」で読み解く 金融業界の新常識』（銀行研修社・共著）。
本書では以下を執筆：第4章，第5章，第6章，Column 4, 8

小熊坂 湧太（こぐまさか・ゆうた）

株式会社野村総合研究所 コンサルティング事業本部
サステナビリティ事業コンサルティング部 シニアコンサルタント

2019年一橋大学経済学部卒業。同年に株式会社野村総合研究所に入社後，主にサステナブルファイナンス関連の検討に従事。同分野における官民の支援，自然資本関連の戦略・情報開示検討等を実施。
本書では以下を執筆：第1章，第2章，第4章，第5章，Column 5

堀田　弥秀（ほりた・みほ）

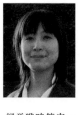

株式会社野村総合研究所 コンサルティング事業本部
サステナビリティ事業コンサルティング部 コンサルタント

2021年 New York University Graduate School of Arts and Science, International Relations修了，修士号取得。就学中に国連本部 Department of Economic and Social Affairs, Financing for Sustainable development Officeにてインターンとして業務に従事。卒業後，株式会社野村総合研究所に入社。サステナビリティ経営における投資家対応・情報開示支援，経営高度化支援，自然資本対応支援などのサステナブルファイナンスのテーマの他，諸外国の環境外交など国際動向を踏まえた経営対応支援を専門としたコンサルティングを実施。
本書では以下を執筆：第1章，第2章，第3章，第4章，第5章

三井 千絵（みつい・ちえ）

株式会社野村総合研究所　金融ITイノベーション事業本部
金融デジタルビジネスデザイン部　上級研究員

2020年までIFRS財団のIFRSタクソノミ諮問グループのメンバー。2020年よりCFA協会企業開示指針委員会の委員。国内では2021年より経済産業省非財務情報の開示指針研究会の委員を務める。
本書では以下を執筆：投資家の声

権藤 亜希子（ごんどう・あきこ）

株式会社野村総合研究所　DX基盤事業本部
IT基盤技術戦略室　エキスパート・リサーチャー

国内大手SIerでのコールセンター向けAI商品開発などを経て2020年野村総合研究所入社。現在は先端技術動向の調査，R&D戦略検討に従事。専門は先端ITの動向調査・将来予測。ジェロンテック（高齢者支援），サステナブルテック（ESGリスク管理，レポーティング）など社会的ニーズ・課題に対する技術活用動向，将来予測など。著書に『ITロードマップ』2021年版，2022年版，2023年版（東洋経済新報社・共著）。
本書では以下を執筆：Column 6, 7

カーボンニュートラルからネイチャーポジティブへ
――サステナビリティ経営の新機軸――

2024年７月25日　第１版第１刷発行

編　者　株式会社野村総合研究所
発行者　山　本　　継
発行所　㈱　中　央　経　済　社
発売元　㈱中央経済グループパブリッシング
〒101-0051　東京都千代田区神田神保町１－35
電話　03（3293）3371（編集代表）
03（3293）3381（営業代表）
https://www.chuokeizai.co.jp
印刷／㈱ 堀 内 印 刷 所
製本／㈲ 井 上 製 本 所

ISBN978-4-502-50131-9　C3034